GAME OF THRONES™

THE COSTUMES

权力的游戏

服装艺术设定画集

GAME OF
THRONES

THE COSTUMES

权力的游戏

服装艺术设定画集

【英】 米歇尔·克莱普顿（MICHELE CLAPTON）

【美】 吉娜·麦金太尔（GINA MCINTYRE）　　著

周丹　译

中国纺织出版社有限公司

目　录

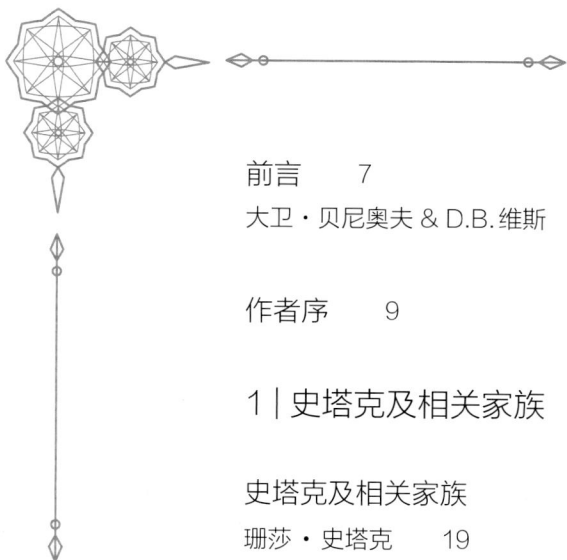

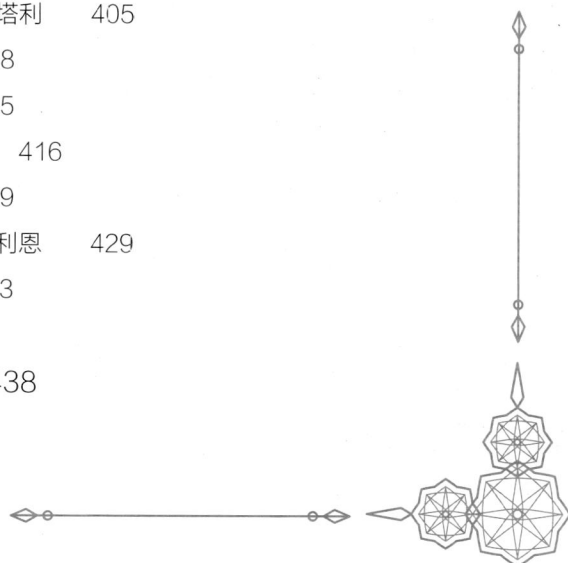

Michelle Clayton

前言

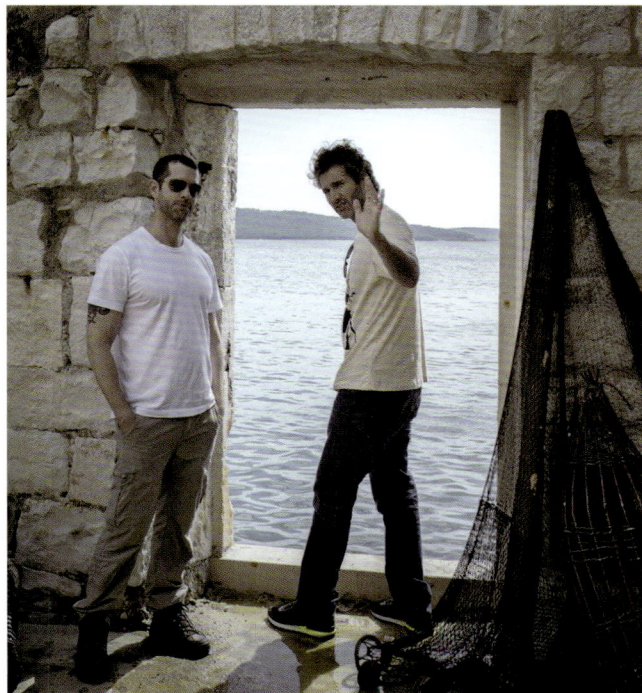

2009年，在伦敦夏洛特街酒店，我们与米歇尔初次会面。她彼时刚凭借《乱世妖姬》（*The Devil's Whore*）的服装设计，赢得英国电影艺术学院奖。这是一部以英国内战为背景的英剧，我们那时还没有看过。米歇尔仿佛一名新浪潮乐队成员，特别时髦。不过她手里拿的并非乐器，而是装满画集的大箱子。箱子一开，对维斯特洛等地区的服装款式的完整构想便飞上桌面。

好了，她用戴满戒指的双手，小心翼翼地把画集在桌上铺开。但她的构想开始如何，又将怎样发展，她心里清楚得很。她知道要用什么风格来塑造剧中的各个世界。她也知道，成形的创意一旦与未成形的灵感相糅合，就会生出新事物来。她精心编排了各种图像、材料、草图和模型，向我们呈现出本剧角色和背景演员经她设计的模样。

我们之后又会见了其他服装设计师，其中不乏参与过我们又爱又敬的大型电影，赞誉加身的设计师，可无人能匹敌米歇尔。她的构思独特而有力，将其他人远远甩在后面。选聘米歇尔是我们做过最棒的决策之一。

如今，要脱离她的设计来看《权力的游戏》（*Game of Thrones*），几乎不可能。如果你想起剧中的战斗，就会想到兰尼斯特金光灿灿、带有日本武士色彩的盔甲，想到无垢者整齐一致的盔甲，还有野人华丽的零碎毛皮。若你想起丹妮莉丝，就会想到那件高贵的白皮大衣。你会想到瑟曦坚如盔甲、蕴含着邪恶之美的礼服；你还会想到珊莎缀满黑色羽毛的长裙和琼恩·雪诺简约的斗篷。米歇尔设计的服装几乎占据了每个场景的中心位置，而演员一旦穿上这戏服，就成为角色本身。

到今天，她的作品已经启发了世界各地的大型时装秀、摄影作品、万圣节戏装及会展戏服的设计。"天才"一词泛滥成灾，但米歇尔当之无愧。能用本书颂扬她的艺术，我们不胜欣喜。读者若要盛装打扮，无论是为引人注目、散发魅力，还是持长戟扮酷，我们都希望此书能提供灵感。

——大卫·贝尼奥夫 & D.B. 维斯

第2页 丹妮莉丝·坦格利安在《权力的游戏》第八季攻打君临时的造型特写。
第4页 左图起，分别是琼恩·雪诺、詹姆·兰尼斯特、攸伦·葛雷乔伊和奥柏伦·马泰尔所穿盔甲细节图。
对页图 琼恩·雪诺第七季在绝境长城北上期间的造型概念草图。作者米歇尔·克莱普顿（Michele Clapton）。
顶部图 《权力的游戏》制片人D.B. 维斯（图左）和大卫·贝尼奥夫。

Gold
Red
Red

Red

Blood

Knee
guards

Black
cloth
spats
with
lacing

作者序

我一听说HBO电视网准备翻拍乔治·R. R. 马丁（George R. R. Martin）的小说《冰与火之歌》（*Song of Ice and Fire*），当即就想参与其中，将这部传奇搬上银幕。那时还未料到，我即将踏上一段横跨人生近十年的旅程。这部奇幻小说篇幅绵长，规模宏大，人物丰富，地点繁多，不失为服装设计师的梦中舞台。创新的空间太大，一眼望不到头——老实说，我有些不知所措。然而，从一开始，制片人大卫·贝尼奥夫和D. B. 维斯就认为《权力的游戏》不能拍得太过玄幻。所以我们早期决定，让拍摄期间的每个决策都合情合理。角色的服装应符合剧中世界的逻辑，并有助于推进和补充剧情。正是在此关头，我把颜色定为本剧首要的设计语言。

经过早期与大卫和丹交流，我的构思初现雏形。我又重读《冰与火之歌》的前两部，更加体会到小说世界观之浩大，也更加了解将要装扮的角色。我很快意识到：于我而言，剧本将成为设计走向的指南针。我们另从原著中提取了重要细节，各族家徽和代表色都不在话下。我们看似临摹原版，其实走上了属于自己的道路。

除剧本外，我从制作设计师杰玛·杰克逊（Gemma Jackson）所在部门早期创作的临冬城概念草图中，也找到了灵感。草图中塑造了角色的住所和生活环境。这部超大型连续剧围绕史塔克家族的命运展开：史塔克家族必须定居在城堡，在天气恶劣、地形崎岖的北境栖身。因此，他们的服装不仅要保暖，要体现个人地位和彼此间的关系，还要营造出集体归属感。

于是，我全身心地投入研究。我开始研究历史上人们如何在不同气候下生活。我审视他们抵御极端天气和敌人进攻的方法，看看当时有什么材料、什么生意，又能制作哪些颜色的染料。我还探究了宗教对服饰的影响，古人对审美和配饰的看法，还有贴花和刺绣的使用案例。我纵览了几个世纪以来世界各地不同文化催生的服装款样：日本人、佛兰德（现今比利时的一部分）人、西伯利亚人、阿富汗人、伊朗人、波斯人和美洲原住民等。为了寻找盔甲设计的灵感，我集中研究了文艺复兴时期、拜占庭时期、日本武士时期、古罗马时期和古希腊时期的盔甲设计。我还研习了民间文化和部落神话。我到处收集图像：博物馆、网上、书上，找遍了所有能找到的地方。我像一只四处衔枝的喜鹊，从所有这些研究中提取

对页图　米歇尔·克莱普顿绘制的草图显示，早期的兰尼斯特盔甲突出了日本武士色彩。
顶部图　服装设计师米歇尔·克莱普顿。

与剧集相关的元素，组合起来，创造出剧中才会出现的新造型。最终，所有造型看上去都没有特定的历史朝代。

随着过程推进，我的助理加入了研究行列，大家的想法得以整合。我们开始将所有参考图像收进维斯特洛每一地区及更广地域的情绪板。我借此初步绘制了史塔克家族和其他主要家族——兰尼斯特家族、坦格利安家族、拜拉席恩家族——甚至多斯拉克部落，和守夜人军团的造型。每个群体都需要一定的造型、配色和体形来体现区域特征，但角色个人在群体中也要易于分辨。为此，我仔细考量了各人的内在天性、过往经历、雄心抱负、价值观念和道德品行。这一切都会对服饰产生影响。

着手设计期间，我努力让服装反映主角所处的情境。我们在生活中根据场合穿衣，他们也当如此。若大战在即，我们会披上戎装，借助特定的颜色和徽章，来表达对事业、家族或祖国的骄傲和忠心。前文提到，颜色在《权力的游戏》中至关重要。我很早就决定，设计时要尽量使用自己动手染的布料。只有这样，才能得到真正想要的配色。我们随后为剧中每个地区都制作了一本"色彩圣经"。颜色属实为我的热情所在。它能告诉你的角色信息实在太多。

我为北境的史塔克家族选用暖调蓝灰色，表示他们家庭温馨，地位比周围惯用棕色的家族更高。君临的兰尼斯特家族则多用丝绸，颜色鲜艳，说明家族财力雄厚，地位尊贵，贸易资源非常丰富。而丹妮莉丝·坦格利安（艾米莉亚·克拉克饰）在厄斯索斯大陆开启故事，我为她披上一身浅灰色婚纱，宛如明月。之所以选择这种颜色，是因为它兼具轻柔与力量——更何况，她刚踏上人生旅程，正如灰色代表的空白画布。北望长城，守夜人军团的兄弟清一色身着黑衣，与原著如出一辙。不过，我们选用的黑色深浅不一。七大王国各地捐来衣服给守夜人——守夜人便把它们放进黑城堡庭院中的一个大锅里染成黑色，若锅里颜色变淡，就加入更多黑色染料。因此，染料浓度的变化会导致衣服深浅不同。

每过一季，剧中的世界都扩大一分。心爱的角色下台；新面孔又登场。活下来的人则把受过的苦难与损失都织进布料，做成了衣裳。

新的一季开机前的数月，我一般会收到剧情提纲，能大致了解每个角色的动向。我常与大卫和丹交流想法，也跟演员讨论试衣问题，以确保造型合身。演员通过演戏讲述角色经历，而我却希望通过服装为他们另辟通道。戏服从故事中取材，有精巧的设计，但只有让演员穿得舒服，才能发挥作用。这是服装设计师与演员之间的合作，这一点至关重要。

　　在后面的几季，随着故事接近尾声，大战不可避免，整部剧的色彩越来越灰暗、沉重。凛冬终至。最后几集的造型可以说是我最重要的设计，浩浩荡荡长达八季的故事，由它们迎来了高潮。

　　《权力的游戏》给了我们独一无二的机会，来深度探索角色的内心世界。他们在一个危险的世界前行，忠心和荣誉往往换来中伤和背叛。大卫和丹通过人物对话和具体行动讲述铁王座的斗争；而我用织物、盔甲、刺绣和配饰打造的服装来强化这一叙事。这本书展示了我创建主要角色标志性造型的过程。书中还收录了一些罕见的早期概念草图，展示出设计如何演变。多数戏服要经过反复试错，不断摸索。这是设计过程的一部分，但于我而言，亲手把想法画在纸上，才是发展创意的唯一途径——即使有时思路不一定正确，也要这么做。一切都是有意义的。

　　我的全部设计都始终忠于剧中世界的习俗与传统。角色的衣物来源都在力所能及的范围内——也许是旅途中捡到的，也许是自己做的。譬如铁群岛的葛雷乔伊家族，其服饰就反映出他们的生活环境和性格。葛雷乔伊族人会给衣服涂鱼油防水，这必然要产生一股令人作呕的腥气。可他们生性好斗，肯定喜欢用这股刺激且难闻的气味挑衅外来者。

　　再譬如多恩，那里气候温暖，社会混乱，多恩人的服装自然剪裁暴露、颜色鲜艳。放眼他处，东部的布拉佛斯和潘托斯居民也有其独特风格，植根于当地自然环境和历史之中。

　　回想起《权力的游戏》全八季服装制作的惊人工作量，我们的成果究竟达到什么规模，难以估量。对我们团队所成就的一切，我感到无比自豪。这是一次伟大的冒险，惊险刺激，挑战重重，却十分美妙。希望本书能点明我们寻得创作之路的奥秘，也希望一路同行的伙伴和热爱且投身于《权力的游戏》的粉丝们，都能从本书获得灵感。

顶部图　自由贸易城邦布拉佛斯市民草图，其服饰灵感来自摩尔（北非的阿拉伯人和柏柏尔人）和西班牙风格启发。作者：米歇尔·克莱普顿。
对页图　艾德·史塔克服装概念草图。作者：米歇尔·克莱普顿。

1 史塔克及相关家族

史塔克及相关家族

史塔克家族统治北境，是北境最显赫的家族，我必须把史塔克和北部其他家族区分开。我想显示出他们身在高位，又不愿他们显得高傲，毕竟这不是他们的性格。于是，我选择用颜色体现差异。北境其他家族的服饰多为棕色调，而史塔克家族增添了蓝色调。研究过程中，我发现山茱萸树皮可以制成蓝色染料，这种树分布于北欧等地区，气候与史塔克家族的权力中心——寒冷的临冬城类似。另外，山茱萸生长在森林边缘，以其笔直的硬木枝条而闻名，是制箭的理想材料。可以推断，史塔克家族能获取山茱萸或特性相似的木材。再重申一次：每个设计做出的选择都基于现实世界的逻辑，并非纯粹的幻想。

同样，选择何种布料，取决于它能否在北境的严寒气候下提供必要防护。我注意到，西伯利亚的骑手们都穿衬垫盔甲保暖，还用高背衣领保护脖颈。我又在日本和波斯盔甲中发现一种长开衩下摆，它既方便活动又能保暖，我非常喜欢。中世纪背景的故事里，金属盔甲总是主流。但金属散热太快，没法保暖，在临冬城这样的环境中，人们可能基本不穿。因此，我为史塔克和其他北境贵族设计了裹皮金属盔甲和垫布盔甲。

我还设计了厚斗篷来抵御恶劣天气。它有两种用途：骑马时，它能防风；睡觉时，它能裹身取暖。但我发觉这些斗篷很重，正因为重，只系在脖子上不足以固定它们。假设它们乖乖地披在演员背后，也极有可能往下滑，有死死勒住演员脖颈的危险。演员拍动作戏时要战斗或骑马，这个问题就更加突出。为了解决这个问题，我给斗篷加设了重型皮革绑带，它们在胸前交叉，扣在腰部，将斗篷固定到位。交叉绑带顺势成了本剧的经典造型，更成了北境人的穿着特色。

第12-13页　珊莎·史塔克服饰细节图：（左图起）加冕礼长裙；加冕礼造型中的金属紧身胸衣；临冬城婚纱；君临城早期造型。

左图　艾德·史塔克的造型，以突出的毛领和皮革交叉绑带固定的斗篷为特色，这两个元素将成为北境人的标志性穿搭。作者：米歇尔·克莱普顿。

对页图　北境平民的基本造型草图。作者：米歇尔·克莱普顿。

至于史塔克家的女眷，我设想她们最喜欢用刺绣消磨时间，打发漫长又阴沉的日子。因此，我们制作史塔克朝服的衬垫衣领时，加上了类似由角色亲手绣制的家徽等图案。我为史塔克家族的年轻女孩珊莎（索菲·特纳饰）和艾莉亚（麦茜·威廉姆斯饰）设计了正面打结的连衣裙，在北境习俗中，这代表她们是还没到青春期的孩子。每个结扣都缝一片刺绣，与该角色刺绣水平相符，活像一枚奖章。它们暗示着刺绣者的主要性格特点：大女儿珊莎的手工整洁精密，而她任性的妹妹艾莉亚则绣得乱七八糟。

临冬城的平民也穿史塔克青睐的服装款式，其关键区别在于：平民的衣领用藤条和草编织，填满羊毛，而没有衬垫和刺绣。从临冬城老奶妈（玛格丽特·约翰，安妮特·蒂尔尼饰）的服饰可以看出，平民的织补手艺十分精湛，可他们既无闲暇，也无财力装饰衣服。尽管如此，临冬城贵族和平民都穿相似的衬衫，脖子上有两根抽绳，必要时可填充羊绒保暖。这个设计比较合理，也符合剧中情况。

维斯特洛的每个家族都有自己的家徽，象征着家族精神。史塔克家族的家徽是冰原狼。故事伊始，史塔克家的孩子们便发现了一窝冰原狼幼崽，并把它们带回临冬城。史塔克家族与狼有不解之缘——他们如狼群般坚韧，能在困境中生存。独特的冰原狼图案体现在每个史塔克族人的服饰当中，但通常不太明显。它有时化身为斗篷或紧身上衣上的小金属配饰，有时又绣在女性的衣服上。

我还会根据角色的特定背景，把几个家徽整合起来。例如，史塔克女族长凯特琳·徒利·史塔克（米歇尔·菲尔利饰）在嫁给艾德·史塔克（肖恩·宾饰）之前，是奔流城徒利家的人。她把徒利的鱼家徽和史塔克的冰原狼家徽同时绣在领圈上，以代表两个家族的结合。此外，她斗篷的金属搭扣也包含鱼形设计。

总而言之，北境的服饰风格变化很少。恶劣的天气条件下，衣物不得不以实用为主。有了这个思路，我便着手设计史塔克相关家族的服装，其中包括西部铁群岛上酷似维京人的葛雷乔伊家族，以及东部鹰巢城与世隔绝的艾林家族。服饰展现出这些与众不同的角色有哪些过往，目前又是什么境况。他们的服饰随着主线的推移不断演变，但设计思路决不偏离本剧的高度现实主义思想。

对页图　艾德·史塔克服装的初期概念草图。其紧身上衣饰有腾起的冰原狼。作者：米歇尔·克莱普顿。

右图　艾德·史塔克在最初的设定中更有帝王气质，以强调他作为北境领袖家族的族长身份。草图作者：米歇尔·克莱普顿。

珊莎·史塔克

史塔克家族的长女珊莎（索菲·特纳饰）起初是一个天真的女孩，一心盼着嫁给国王。可从临冬城来到七大王国的首都君临城后，浪漫的幻想就破灭了。在君临，她被残忍的乔佛里·拜拉席恩（杰克·格里森饰）和其母瑟曦·兰尼斯特（莉娜·海蒂饰）任意摆布，被他们迫害。乔佛里很快从王子升为国王，瑟曦又出身于权势滔天的兰尼斯特家族。珊莎经历这些事后，坚强起来，头脑也随着年龄增长更加精明。苦难将她从少女磨炼成一位沉着冷静的女人，她最终回到临冬城，继承临冬城夫人的头衔，之后被加冕为北境女王。

在整部剧中珊莎的性格转变巨大，服饰风格亦然。我们头一次见她时，她身着正面打结的连衣裙，表明尚未进入青春期——尽管她竭力藏起结扣以显成熟。她穿蓝色很淡的长裙，比史塔克惯用的蓝灰色清爽得多。这种颜色表明她试图与家人区分开，让自己看上去更优雅、更高贵。

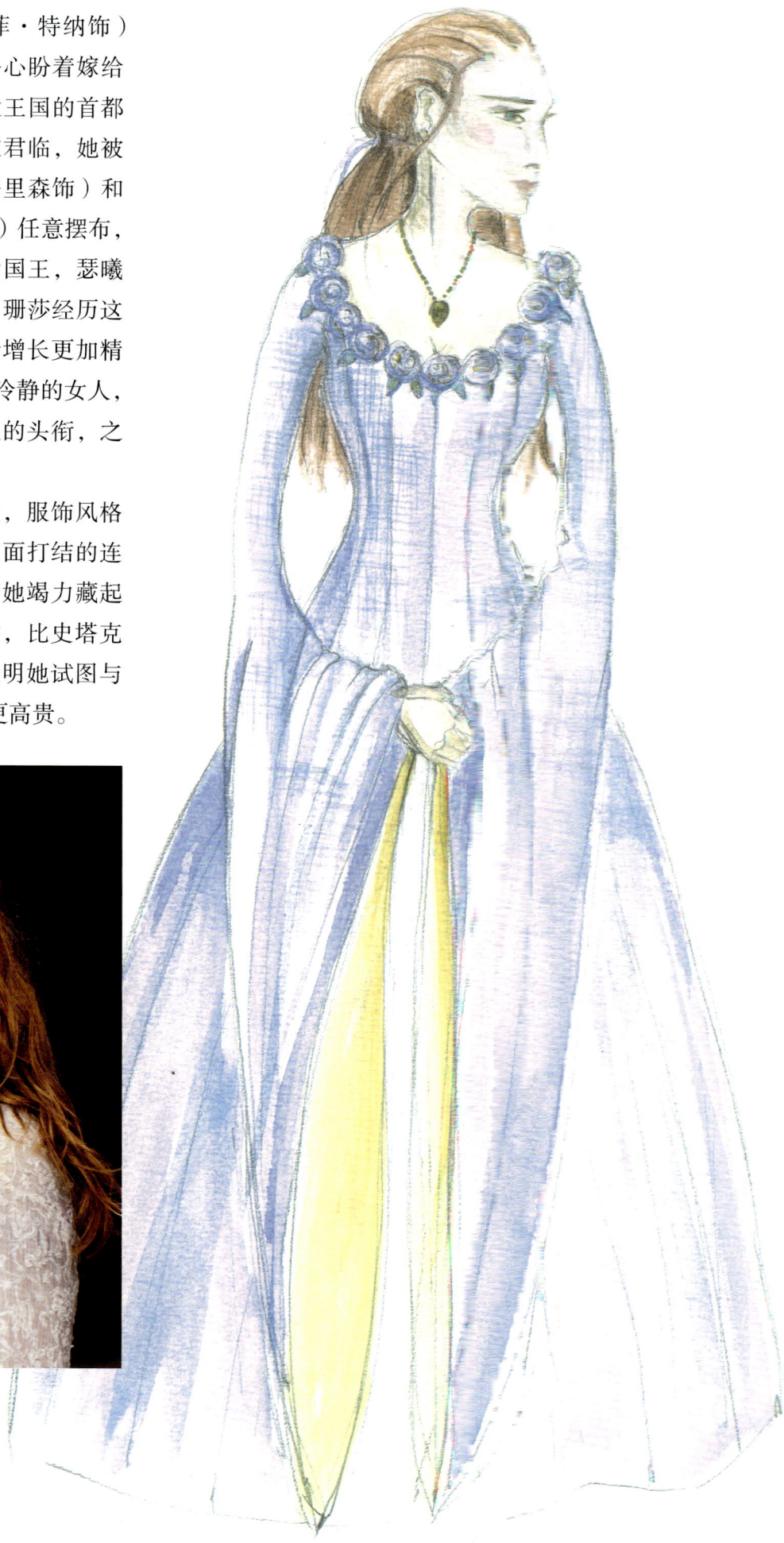

对页图　珊莎（索菲·特纳饰）早期的蓝色服装比其他史塔克家族成员色调更浅，以求出众。这件自制长裙表明她的缝纫技巧尚未精进。

左图　索菲·特纳饰演的少年珊莎身着北境女孩常穿的系结长裙。

右图　珊莎抵达君临后不久所穿礼服的草图。

作者：米歇尔·克莱普顿。

珊莎与乔佛里订婚后，迷上君临的生活，不久便学来了瑟曦喜爱的和服式风格。她把史塔克家族的蓝色抛诸脑后，改穿粉色和绿色裙子——这些是皇后常穿的颜色，温柔且富有女性气质。珊莎和瑟曦的长裙均由纺绸制成。珊莎甚至还改变发型，向宫廷女性靠拢。

与此同时，珊莎开始佩戴一条饰有蜻蜓状吊坠的项链，这成为她着装中的重要元素。我用蜻蜓来比喻她被困在君临的感觉，因为在我眼中，她就是这么一只原生环境单纯的天真小动物。在首都，她很快陷入泥潭，四面楚歌，铁王座又是维斯特洛权力之巅，周围的政治斗争令她难以招架。后来，父亲被加以叛国之罪，被乔佛里下令处决，她的处境变得更加危险。

在构思珊莎的服装时，我想她大约会亲手制作长裙，手艺还很精湛。为了表达心中的压抑，她开始在衣服上绣蜻蜓，用一层又一层的精致圆圈给它们关起来。后来她又改穿浅紫色，介于兰尼斯特红和史塔克蓝之间。

穿紫色是她发泄情绪的办法——身为艾德·史塔克之女，她知道不能向任何人吐露心声。可就算她公开否定自己的家族，依然有人怀疑她对国王的忠心。雪上加霜的是，乔佛里解除婚约后，她又被迫嫁给乔佛里的舅舅——提利昂·兰尼斯特（彼得·丁拉基饰）。

对页右图　刚到君临时，珊莎（索菲·特纳饰）极力模仿她所倾慕的宫廷女性风格，学瑟曦穿淡雅的纺绸和服式长裙。
对页上左图　瑟曦式黄铜腰带细节图。
对页下左图　粉彩长裙上的刺绣细节。
左图　在君临，珊莎（特纳饰）后期穿着颜色更深的印花紫色长裙，配黄铜腰带和蜻蜓项链。
右图　淡紫色长裙正视图。

珊莎·史塔克

提利昂是兰尼斯特家族的异类，绝不是珊莎梦中的白马王子。鉴于这点，我决定不给她搭配传统的白色婚纱。我想设计一件更强势的礼服，多少有点叛逆——这是珊莎从来不曾展露过的性情。我选用了金紫相配的锦缎，饰以金属臀垫，让人感觉有所防备。后领印着兰尼斯特家族的雄狮家徽，暗示珊莎眼下是兰尼斯特的财产。礼服另配一条紧身褡，其刺绣不仅包含史塔克的家徽冰原狼，还有象征母亲家族的鱼。

顶部图　珊莎（索菲·特纳饰）身着华丽的婚纱，被迫嫁给提利昂·兰尼斯特（彼得·丁拉基饰）。
下左图　珊莎金紫相配的礼服由锦缎制成，配有精美的刺绣饰边。
下右图　礼服紧身褡的刺绣有史塔克家族的冰原狼家徽，有致敬母亲的徒利家族鱼形家徽，还有象征她囚困之苦的蜻蜓。
对页图　婚纱前视图。金属臀垫表示珊莎暗藏着力量。

对页图 珊莎婚纱的后领绣着兰尼斯特雄狮,暗示与提利昂
结婚使她沦为兰尼斯特家族的财产。
上图 珊莎(索菲·特纳饰)正在为婚礼梳妆。

珊莎·史塔克

有小指头培提尔·贝里席（艾丹·吉伦饰）相助，珊莎一逃出兰尼斯特家族的魔爪，就躲进姑姑莱莎（凯特·迪基饰）居住的艾林谷。小指头杀死莱莎后，珊莎改头换面，第一次穿上深色衣服，并一直延续到剧终。做王后梦的女孩一去不返，取而代之的是一个决意向身边更有政治头脑的人学习的女人，狡猾的小指头是首选。为体现她性格上的巨变，我设计出一套礼服，象征着珊莎不再扮演"受害者"角色。

这件长袖礼服显得她身姿挺拔，礼服料子印有落叶淡纹，并染成黑色。我还给礼服肩部贴上了渡鸦羽毛——维斯特洛人用渡鸦传信，珊莎也用渡鸦向外界宣告崛起。羽毛在视觉上拉宽了肩部，更令人敬畏。我还搭配了一双结实的靴子和一根大项链，用珊莎的缝衣针引线，贯穿项链的圆圈吊坠。完满的圆代表力量，比喻珊莎已准备好反击。吊坠也致敬了妹妹艾莉亚，因为她的佩剑就叫"缝衣针"。

左图 "黑衣珊莎"成型草图。作者：米歇尔·克莱普顿。
右图 该礼服面料是印着落叶暗纹的染黑白布。圆形吊坠象征珊莎新的坚毅性格。
对页图 珊莎（索菲·特纳饰）展示鹰巢城时期的新造型。

26

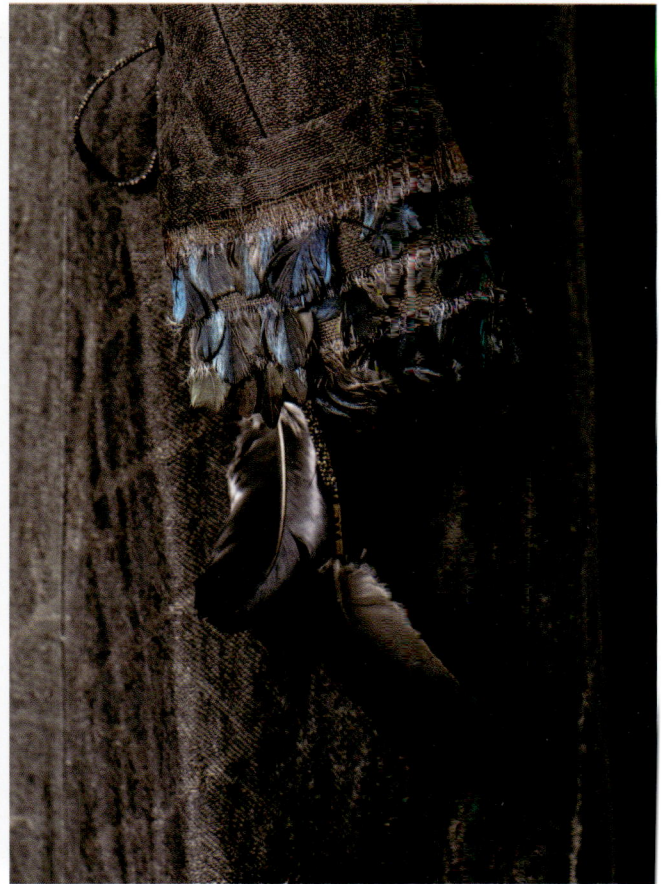

第28-29页　衣服上的羽毛质地光滑，在视觉上拉宽
了肩部。米歇尔·克莱普顿亲手贴上了每一根羽毛。

珊莎·史塔克

　　珊莎此后又遭遇更多不幸，全凭坚强的意志挺了过来。在小指头的精心策划下，她和暴虐无道的拉姆斯·波顿（伊万·瑞恩饰）有了一段短暂的婚姻，并因此返回临冬城。这场庄严的婚礼上，珊莎的婚服融入了大量史塔克元素。父亲艾德·史塔克、哥哥罗柏·史塔克（理查德·麦登饰）和弟弟琼恩·雪诺（基特·哈灵顿饰）在临冬城都穿毛领斗篷，婚服便饰以毛领，表示向他们致敬；又因母亲家族家徽是鱼，婚服的搭扣便呈鱼形；婚服白如鬼魅，是因那时家人多半离世，珊莎以白色纪念亡魂。婚服还用厚垫布料制成，从背后系紧。系带顺着脊柱爬下，影射珊莎的脆弱——新婚之夜，拉姆斯把裙子从她身上扯了下来。最后，珊莎报复了拉姆斯的野蛮行径，让他被自己圈养的恶犬活活吃掉。

左图　珊莎（索菲·特纳饰）准备嫁给拉姆斯·波顿。
右图　婚服在腰部收窄。草图作者：米歇尔·克莱普顿。
对页图　婚服正视图。它由灰白色衬垫布料制成，宛若幽灵，饰有突出的毛领。

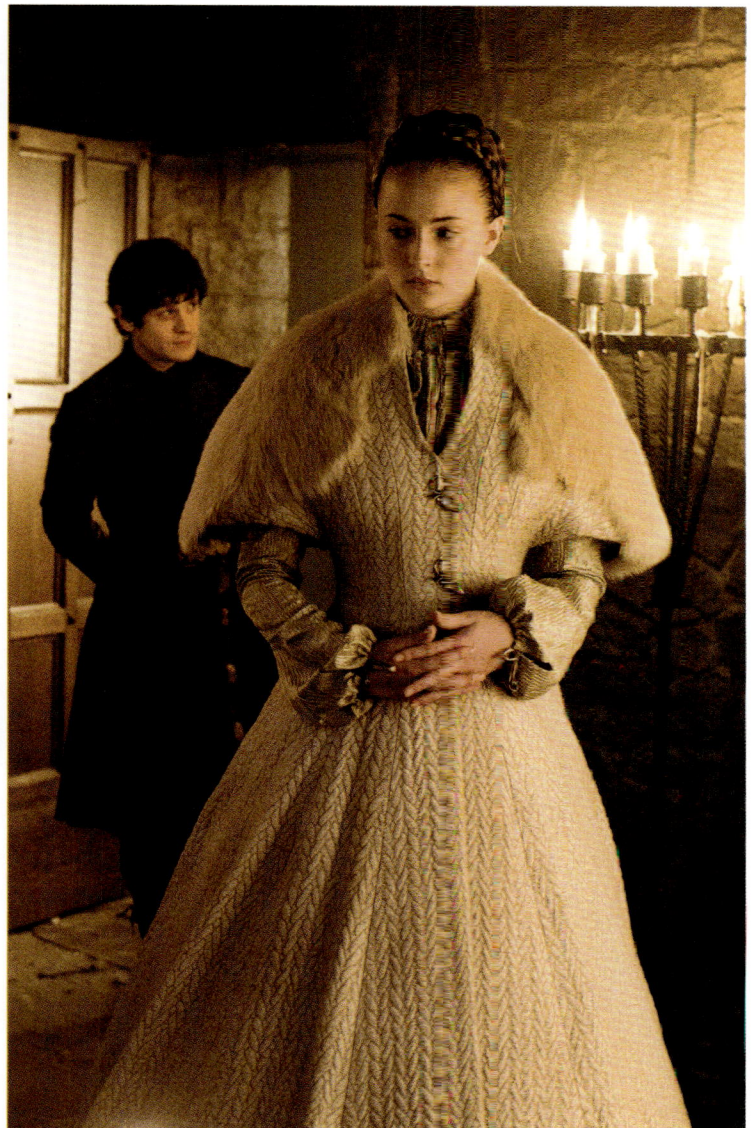

对页图　婚服在背面封合，皮革系带顺着脊柱延伸，暗示珊莎十分脆弱。

上左图及上右图　婚服正面的鱼形搭扣，以示向毛利家族的家徽致敬。

下左图　婚服另添小装饰品，用来增强视觉效果

下右图　拉姆斯（伊万·瑞恩饰）和新娘珊莎（麦菲·特纳饰）。

珊莎·史塔克

珊莎对拉姆斯的凶狠报复昭示着全新珊莎的诞生。这个珊莎遍体鳞伤但坚强不屈。她的衣着仍有阴郁之感，以丧服般的灰色和黑色为主。我遵循史塔克传统风格，把这些长裙的领子做得很高。同时，她所有衣服都加了环绕上身的绑带，因为衣服绑在身上时她才更有安全感。这些衣物和她兄弟的一样厚实，肩部更宽，能展现出她的气势。她首饰上的冰原狼逐渐醒目，说明她正努力挽回曾失去的一切。

上左图　珊莎（索菲·特纳饰）成为临冬城夫人，接纳了家族传统，衣着回归到史塔克家族的传统颜色。
下左图　珊莎的标志性项链以突出的圆环为特征，米歇尔·克莱普顿视其为力量的代表。
右图　珊莎于第七季身着该礼服，其胸衣正面由磨边亚麻布带拼合而成。每条磨边亚麻布带都缝有渡鸦羽毛，来致敬她的力量，缝法与"黑衣珊莎"裙相同。

本页 三张草图突出了珊莎第七季造型中的关键元素：（左）与交叉绑带相接的史塔克式狼头领圈；（中）交叉绑带；（右）下摆更短，方便活动。作者：米歇尔·克莱普顿。

珊莎·史塔克

珊莎·史塔克（索菲·特纳饰）在临冬城身
穿毛皮饰边披风。

对页图 亚麻拼贴连衣裙，多角度图。

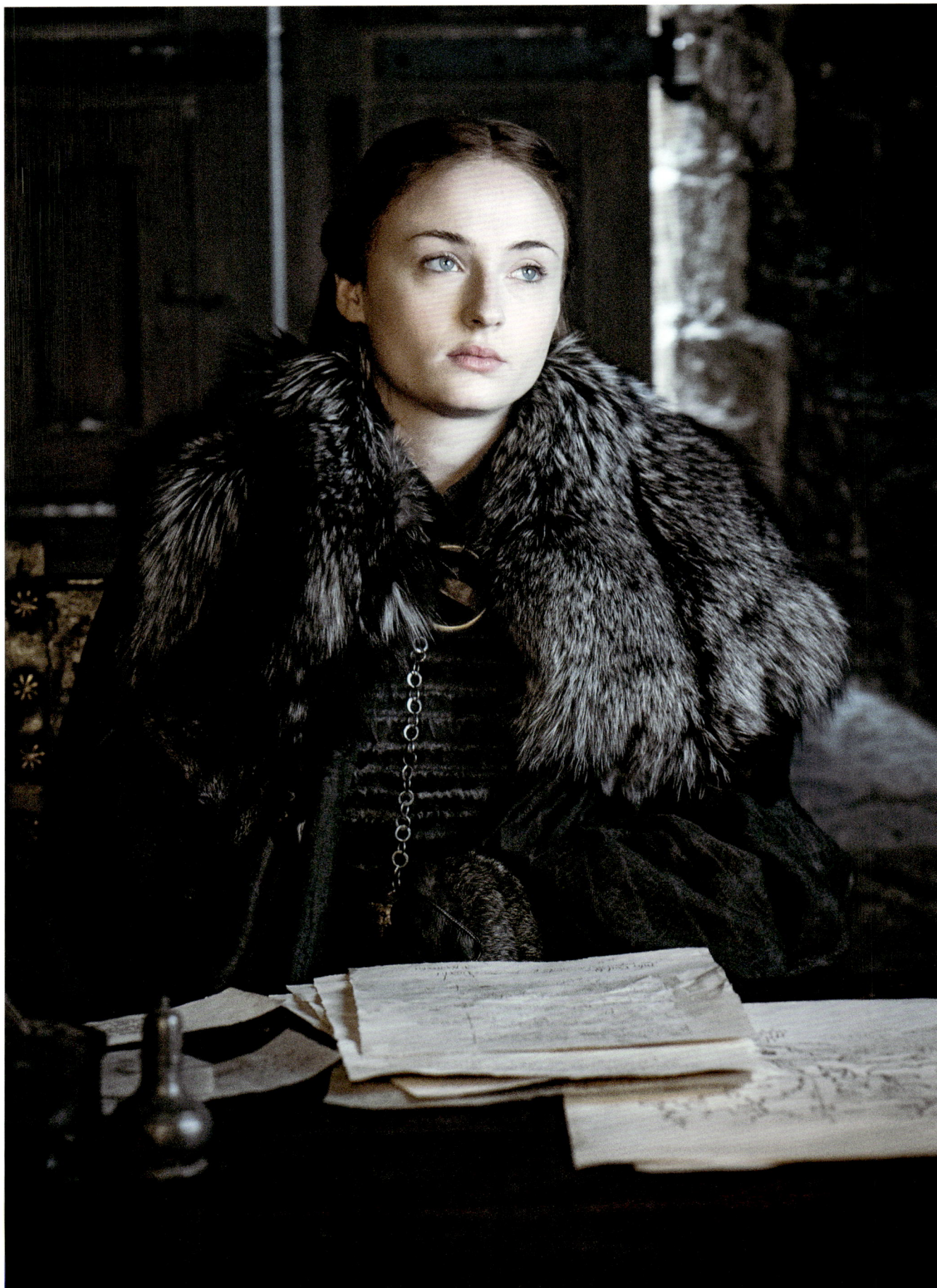

上图 珊莎·史塔克（索菲·特纳饰）在临冬城身
穿毛皮饰边披风。
对页图 亚麻拼贴连衣裙，多角度图。

珊莎·史塔克

上左图 亚麻拼贴连衣裙正视图，配有靴子。
左图中 项链链条与缝衣针细节图，它们垂到亚麻布拼贴连衣裙的腰部，于臀部扣紧。
右图 第七季中，珊莎礼服的上印花是为了致敬母亲凯特琳，让人联想到游动的鱼。
对页图 鱼纹礼服后视图。衣料染成炭灰色，不仅与珊莎后期的着装色调保持一致，还能凸显暗淡的印花。

珊莎·史塔克

本剧的最后几集中，珊莎仍保持强有力的形象。她穿过一条缀满羽毛的黑色长袖拖地裙，我又给它套上一件紧身上衣来充分体现力量。珊莎服饰中的皮革相当于盔甲，我想以此说明，她即使不上战场，本身也是一名战士。她意志坚定，勇于发声，最终登上北境王座。我为珊莎设计的加冕礼服上缀饰有一些视觉意象，这些意象代表着她生平所经历的重大事件，致敬那些她曾爱过的、一路上为她指明方向的朋友。

这条礼服裙采用先前"黑衣珊莎"裙的面料，纪念珊莎第一次决心为自己而战。它另有一个目的——在视觉上与玛格丽·提利尔（娜塔莉·多默尔饰）建立联系。两人在君临相遇，众人都排挤珊莎，她却十分友善。玛格丽身穿这种面料的婚服与乔佛里成婚，而珊莎最后用它做成加冕礼礼服，道明了两人之间的关系。

左图　第八季珊莎所穿的紧身上衣设计图。作者：米歇尔·克莱普顿。
右图　紧身上衣套在长袖礼服裙外面，并配有珊莎的标志性项链。
对页图　细节图展现了紧身上衣繁复的印花设计，有史塔克的冰原狼家徽和临冬城鱼梁木的树叶图案。

珊莎·史塔克

加冕礼礼服参考了凯特琳·史塔克青睐的风格，拖地裙摆由不同的布条缝成，袖子也又长又紧。礼服非常低调，套着金属紧身胸衣，花纹形似向上生长的鱼梁木树枝，表达出对北境未来的展望。胸衣的金属材料经我们加热后失去光泽，尤如钢铁。它有伊丽莎白时代的味道——也代表着自我保护，说明珊莎即使登上王位，也继续保持武装。她没有抛弃那条缝衣针项链，而是把它固定在胸衣上，就像小指头把匕首挂在精美的链条腰带上一般。珊莎固然鄙视小指头，但依然从他身上学到了不少东西。

加冕礼礼服还配有不对称斗篷，形似我为艾莉亚最终季设计的经典斗篷造型——珊莎穿上它是为了向妹妹致敬。斗篷固定在领圈上，领圈本身是史塔克传统女性风格，却让珊莎更像她已故的父亲。领圈还饰有刺绣，勾勒出类似冰原狼家徽的毛皮纹路。领圈以兔毛衬里，纪念珊莎的兄弟，模仿他们年轻时在临冬城穿过的皮草。领圈一端的刺绣顺着斗篷袖子一路往下，变为鱼鳞，向母亲徒利家族表示敬意。临冬城鱼梁木的血红色树叶飞上衣服，变成了挂着串珠的红叶刺绣，从袖子滚落到裙裾上，堆成一片。领圈的另一端则包着镶珠狼头，象征着珊莎的冰原狼"淑女"，她是在瑟曦的要求下被杀死的。狼嘴末端叼着"黑衣珊莎"裙使用过的黑色羽毛，它们如瀑布般倾泻而下。

左图　加冕礼礼服及不对称斗篷上的花纹草图。作者：米歇尔·克莱普顿。
右图　加冕礼礼服的披风上装饰渡鸦羽毛，呼应"黑衣珊莎"造型。冰原狼图案致敬史塔克家族，鱼图案则致敬徒利家族。

最后，珊莎戴着一顶极具象征意味的王冠，上面有两个相互支撑的冰原狼头。这个造型致敬了她的尊贵血统和史塔克家徽，更是对她已故兄长罗柏的纪念——他在"血色婚礼"遇害时，身上的扣环就有类似设计。总而言之，珊莎的加冕礼造型异常高贵，与她的新身份非常相称。

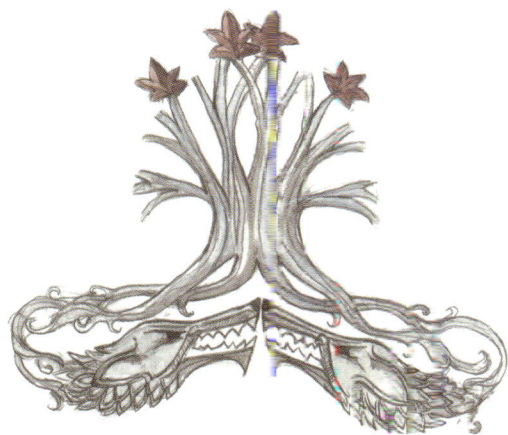

左图　加冕礼礼服披风包含作冬城鱼梁木独有的红叶元素。草图作者：米歇尔·克莱普顿。
上右图　珊莎的王冠由金属铸造，饰有两只相互支撑的冰原狼；罗柏·史塔克遇害当晚所戴的扣环也有类似设计。
下右图　这组草图展现出皇冠设计的演变。作者：米歇尔·克莱普顿。

左图　鱼梁木树叶刺绣聚积在加冕礼礼服的裙裾上。
上右图　珊莎（索菲·特纳饰）加冕为北境女王。
下右图　加冕礼礼服细节图显示，鱼鳞图案顺着斗篷袖子向下延伸。
左图　金属紧身胸衣细节图，胸衣花纹被制成鱼梁木树枝样，领圈则绣有狼头。
对页右图　鱼梁木树叶刺绣纹理细节图。

凯特琳·史塔克

凯特琳·史塔克（米歇尔·费尔利饰）对丈夫艾德和她的五个亲生孩子保护欲极强——但若加上艾德的私生子琼恩·雪诺和养子席恩·葛雷乔伊（阿尔菲·艾伦饰），她其实在临冬城养大了七个孩子。临冬城是凯特琳的第二故乡，她接纳了此地的着装颜色和风俗。然而，她对故乡，那座位于维斯特洛中部、坐拥青翠河间地的奔流城，心中依旧满怀热爱。

凯特琳的服饰应有优雅的气质。凯特琳的娘家徒利家族十分富有，她嫁给艾德、入住临冬城时，其时尚品位想必雅致依然。全剧穿锦缎的角色为数不多，她便位列其中，以表现她较之旁人稍加精致的风格。我专门设计了拖地长裙来彰显她的地位：其一，窄裙需要的面料更少，制作成本更低，长裙反之。其二，临冬城手摇织布机织出的布幅大约很窄，要缝很多次才能上裙摆缝边。此外，我假定凯特琳为将刺绣工艺带入北境的第一人。我们用华丽的刺绣和饰品装点她的衣服，当中不乏玻璃珠和宝石，但我们小心把握尺度，确保造型不显浮夸，以免与史塔克家族一贯的低调气质格格不入。

凯特琳主要穿史塔克家族的蓝灰色，但也有几抹绿呼应她位于河间地的家乡。她的斗篷亦绿泛灰，完美融合了婆家和娘家的特色。这件斗篷采用厚羊毛以抵御严寒。羊毛是临冬城百姓常用的衣料，但凯特琳这件斗篷的衣领上饰有刺绣，颇有徒利家族的风格。斗篷还悄悄融入了徒利家徽的元素，它用作装饰的金属扣环上就有鱼形。

一连三季过去，凯特琳的衣着都是如此。她身上的颜色变阴沉了些，可即便经历了丧夫的变故，她的穿衣风格也没有实质性改变。当然，她的故事线比原著中更短——在臭名昭著的"血色婚礼"上，叛徒结束了她的生命。总之，给角色制作服装的过程中，你会对角色本身和扮演角色的演员产生感情。就算有的角色结局圆满，你也舍不得他们走。即使凯特琳的故事是一出彻头彻尾的悲剧，能为讲好它出一份力，我也非常高兴。

对页图　凯特琳·史塔克的初登场造型说明，她既是史塔克家的人，又是徒利家的人。她内穿传统的史塔克式背心，外穿灰绿色礼服裙；这抹绿色呼应她的出生地，即维斯特洛河间地广袤的原野。

左图　凯特琳·史塔克（米歇尔·费尔利饰）身着派行时穿的毛皮边斗篷。

右图　代表徒利家徽的鱼形装饰扣环表明，尽管嫁入了史塔克家族，凯特琳仍对娘家保持忠诚。

凯特琳·史塔克

上图　凯特琳羊毛斗篷的领子上缀满玻璃珠和宝石，彰显着她在临冬城的财富和地位。斗篷的交叉绑带呈明艳的蓝绿色，体现了徒利家族的特征。

对页上左图　凯特琳斗篷的衣领刺绣细节图。

对页下左图　装饰性的鱼形扣环是凯特琳着装的必备元素。

对页上右图　凯特琳是临冬城唯一穿锦缎的角色，这是她财富和修养的又一象征。

对页中右图　凯特琳锦缎礼服后视图。

对页下右图　锦缎面料细节图。

罗柏·史塔克

史塔克家族的长子待人真诚而富有同情心，一出生便注定是未来的临冬城公爵——直到命运之手为他戴上北境之王的冠冕。但罗柏（理查德·麦登饰）太过年轻，肩负不起众人强加给他的重担。透过他厚厚的斗篷和盔甲，你能窥见他内在的孩子气。

当罗柏首次出场，人们不难看出他与父亲的联系。和艾德一样，他穿着高级皮革制成的上衣和下摆；衣着蓝中带棕，十分亲民。但比起艾德，罗柏的衣服装饰更多，这个小细节透露出母亲对他的影响。斗篷用形似冰原狼家徽的扣环扣紧，不仅表明他对家庭感到骄傲，也呼应了母亲佩戴鱼形家徽的方式。

左图　罗柏·史塔克（理查德·麦登饰）穿着长袖系带皮革紧身上衣。
右图　罗柏穿着深褐色衣服，表明他和父亲一样，是个亲民的人。他的装束中包含传统的北境下摆和长腰带。
对页图　罗柏所有的衣服都由史塔克家族可获得的顶级材料制成，其毛皮饰边斗篷亦如此。这表明罗柏在家中最为受宠。

罗柏很早就下定了保卫北境的决心。父亲因叛国罪被捕后，罗柏挥军南下，与兰尼斯特家族对峙。在早期战斗场景中，罗柏的盔甲相当粗糙，过了一段时间才精致起来。但它的外观决不可太过华丽，必须参照北境风格，要简约、实用，还要符合人体工程学原理。我为罗柏设计了一个环在脖子上的软皮革领圈，一是为了保暖，二是为了稍微护住咽喉。理查德·麦登很喜欢这个造型，我也发现脖子被它遮住时更有美感。由此可见，根据剧中世界的情况做设计固然重要，华而不实的东西有时也必不可少。

对页图　罗柏·史塔克（理查德·麦登饰）身着全套战斗装备。
上图　罗柏的盔甲由皮革制成，并通过染色和涂油增加韧性。颈甲和肩甲则用金属板做成，除了边缘的几个铆钉外，没有任何装饰。
下左图　罗柏的盔甲符合人体工程学原理，实用性强。
下右图　罗柏·史塔克盔甲后视图。

罗柏·史塔克

盔甲之下，罗柏仍穿着小时候的棕色皮革紧身上衣。它又小又紧，明显不如以前合身。然而他舍不得脱下这衣裳；因为它能将自己带回过去。

和母亲凯特琳一样，哪怕罗柏的生活天翻地覆——恋爱、结婚、妻子有孕、向南出征，他的装束也基本不变。直到母亲、新婚妻子和他自己都在"血色婚礼"上丧命。他是一个正直的人，处事公平，心地善良，然而这样秉性高尚的他，在悲惨的命运面前也无能为力。

顶部图　罗柏·史塔克（理查德·麦登饰）穿着皮革紧身上衣和皮手套。
下左图及下右图　罗柏的皮带上压印暗纹。
对页图　罗柏（麦登饰）穿着皮革紧身上衣，这件衣服经过特殊设计，在他身上绷得变形。这说明罗柏就算已经穿不上它了，也不舍得把它丢掉。

史塔克家族

艾莉亚·史塔克

史塔克家的小女儿艾莉亚天生叛逆，对缝衣服或好姻缘不感兴趣——她向往的是通常只对男性开放的冒险生活。她最珍爱的东西是一把名叫"缝衣针"的剑，是琼恩·雪诺送给她的礼物。她好斗的天性在前期救了她一命，后来又助她实现梦想，成为一名优秀战士。

艾莉亚（麦茜·威廉姆斯饰）第一次在荧幕前亮相，就和姐姐珊莎形成鲜明对比。艾莉亚是个有主见的小女孩，十分崇拜她的兄弟，这一点在服装上有所反映。我模仿临冬城男性的服饰为她设计了第一个造型，其中包含一件史塔克式衬衫，在颈部有一条抽绳，另一条抽绳在六英寸下方。此外，艾莉亚经常用腰带把裙子扎起来。在《权力的游戏》中，男性穿皮带时会扣好并打结，多余的部分垂在臀部旁边。艾莉亚模仿的就是这种穿法，剧中如此穿戴的女性角色不多，她便是其中之一。

亲眼目睹父亲被处决之后，艾莉亚逃离君临，随行的还有一位守夜人和一些新招的士兵。守夜人剪短她的头发，称她为"孤儿阿利"，为她的真实性别和史塔克血统保密。在这一时期，艾莉亚的造型由各式各样的衣服拼凑而成，它们仿佛是沿路捡来的，穿着只为蔽体保暖。除此之外，她的衣着也很凌乱。我们将棉麻等天然布料染得深浅不一，让这些衣服看上去又破又旧。我给艾莉亚搭配暗淡的大地色和棕色衣服，因为她可能会穿成这样混入环境中——更何况，棕色呼应了其北境出身。她的裤子简单却稍显弧度，这会让下半身的轮廓更加好看。她还穿着亚麻布带拼成的紧身胸衣，算是给上半身套了件盔甲。整套着装为方便移动而设计，这对一个四处逃亡的人来说非常必要。

左图 在第一季中，艾莉亚（麦茜·威廉姆斯饰）穿的训练服很受父亲风格影响。

右图 躲避兰尼斯特家族的追捕时，艾莉亚总穿暗沉的棕色系服装；单品的质地扩大了整套搭配在镜头前的张力——面料再光滑一点就达不到这样的效果。

对页图 艾莉亚几乎以同一种造型度过了整整三季；这些单品经过设计，像她沿路捡来的一样。

对页图　艾莉亚（麦茜·威廉姆斯饰）逃亡时穿的衣服因磨损而显得破烂
不堪，袖口和裤脚尤为如此。
上左图　艾莉亚系腰带时让末端往下垂，和维斯特洛男性的系法相同。
中左图　拼接紧身胸衣能掩饰艾莉亚的女性特征。
右图　棕色领巾是农夫的常用配饰，艾莉亚（威廉姆斯饰）捡来的衣服中
也有它的身影。

为艾莉亚设计服装时，方便活动是始终不变的原则。她穿过狭海、踏上厄斯索斯大陆之后，就成了黑白之院的侍僧。这座寺庙是布拉佛斯人供奉千面之神的场所，也有信徒在这里寻求安乐死。艾莉亚与无面者共同生活，他们既是刺客，也是处理庙中遗体的人。此时的艾莉亚一身中性侍僧服，穿着宽松的棉汗衫、裤子和束腰外衣。外衣设有翻盖，可以遮住脸部。我觉得对一个负责处理尸体并往上涂防腐剂的人来说，这个功能会非常有用。我们特别设计了侍僧服的面料，染料在布面上像血管般蔓延，好似大理石的花纹。束腰外衣主要呈黑色，染上了深浅各异的白色和灰色，这不仅让外衣显得更加宽大、颜色更深，还巧妙地暗指艾莉亚新住所的名字。

右图及对页上左图　艾莉亚·史塔克（麦茜·威廉姆斯饰）成为黑白之院的侍僧。
对页上右图　她的束腰外衣是将不同的面料采用法式拼接缝制成的，这种缝法能顺着衣服的一侧打满褶皱。
对页下左图　编织凉鞋是侍僧造型的收尾部分。
对页下右图　束腰外衣直接在背面打结固定。

艾莉亚·史塔克

艾莉亚也成为无面者之后，就使用各种伪装，不着痕迹地混入布拉佛斯人之间。某次暗中监视目标时，她假扮成布拉佛斯码头卖牡蛎的女孩。我针对这些场景设计出了一套罗姆人的行头，其中包括一条托钵舞衣款式的裙子。裙子的布料中其实含有金属，用醋处理过之后，便有锈迹斑驳的感觉。生锈面料和生锈花边的创意深得我心，整套衣服都有股淡淡的金属气味。艾莉亚的造型整体复刻了布拉佛斯平民装束，它们借鉴了我研究过程中发现的西班牙旧社会习俗。旧时的西班牙女性曾戴黄金头饰来象征社会地位。我加以发挥，创造了布拉佛斯的习俗：未婚女性把头发卷起来，已婚妇女则散发，并戴上对应丈夫职业的黄金头饰——例如，渔夫的妻子会在头上佩戴鱼形金饰。艾莉亚的头发盘得很紧，因为她显然不是已婚女性。

上图　艾莉亚（麦茜·威廉姆斯饰）用一身布拉佛斯牡蛎商人的行头伪装自己。
对页图　艾莉亚（威廉姆斯饰）梳紧的头发表明了她的未婚身份。

右图　艾莉亚的牡蛎商人造型设计
草图。作者：米歇尔·克莱普顿。
对页上左图　牡蛎商人造型中包含
一件简约的抽绳衬衫，外面套一件
略经裁剪的夹克。
对页上右图　该造型还在腰带上系
有一个深棕色的小皮袋，腰带末端
下垂，是艾莉亚一贯的风格。
对页下左图　牡蛎商人造型背视图。
对页中右图及对页下右图　艾莉亚
的配饰中有一双二指皮手套及剥牡
蛎时重点保护双手的链甲。她还穿
着一双简朴的布拉佛斯式系带木
底鞋。

在布拉佛斯待了一段时间后，艾莉亚再次启程，决心要前往君临城杀死瑟曦·兰尼斯特，清算她对史塔克家族犯下的罪孽。但她中途改变方向，回到了临冬城。艾莉亚此时已成年，与从前判若两人，对传统女性风格的厌恶却丝毫不改。她回归祖地后，穿得和临冬城的男性一样。鉴于她会本能地模仿兄弟和父亲的着装，我设计了绗缝夹克和长下摆，再把"缝衣针"挂在腰带上。她的服装配色遵循史塔克传统，以暖蓝色、灰色和棕色为主。多年以来，她过着四处逃亡的生活，化身"无面者"隐姓埋名。现在，她终于能够满怀骄傲，再次向世界宣告她的史塔克血统。

上右图　艾莉亚（麦茜·威廉姆斯饰）在临冬城身着史塔克传统配色的服装。
中左图　艾莉亚重返临冬城的造型，特点是末端下垂的腰带和瓦雷利亚钢匕首。
下左图　艾莉亚皮带纹理和下摆的棕色皮革饰边细节图。
下右图　艾莉亚穿着厚厚的绗缝长袖棕色皮革紧身上衣，酷似哥哥罗柏曾穿的棕色紧身上衣。除此之外，她还身着男式下摆、皮带和棕色过膝靴。
对页图　艾莉亚（威廉姆斯饰）梳着父亲青睐的发型，完善了她经典的史塔克风格造型。

艾莉亚·史塔克

最后一季，艾莉亚的造型稍微有了变化。她始终选用史塔克家族的传统色系，却也开始展露自己的风格。我为她设计了染色粗麻布织成的不对称披风，不仅用绗缝和毛皮衬里来保暖，也能让她在战斗中大幅动作。它在实用的同时兼顾美观，说明艾莉亚已成为一名坚毅不屈的女性。邪恶的夜王率领异鬼对史塔克的要塞发起猛攻。面对险境她需要披风的保护。而在临冬城之战中，她脱下披风，仅穿棕色皮革战衣，完成了不可能之举：在突袭中击败了夜王，把生者之地从他的大军手中解救出来。

左图　最后一季，艾莉亚把不对称斗篷套在长款绗缝皮革紧身上衣外面。这两件上衣均为方便战斗而设计。
上右图　斗篷肩部饰有花边。
中右图　皮革紧身上衣花纹细节图。
对页图　艾莉亚（麦茜·威廉姆斯饰）用史塔克风蓝灰色下摆搭配紧身上衣。不对称斗篷使她风格别致。

上图　艾莉亚临冬城之战造型草图。作者：米歇尔·克莱普顿。

对页图　第八季中，艾莉亚（麦茜·威廉姆斯饰）身着毛皮衬里斗篷，为她加强防护，以抵御恶劣的天气。

布兰登·史塔克

布兰登（伊萨克·亨普斯特德—怀特饰）是艾德倒数第二个孩子，而到故事最后，他已高高凌驾于凡人之上。他化身为全知的三眼乌鸦，具有跨时空视角的强大力量。不过，布兰登最初只是一个热爱攀岩的小男孩。其紧身上衣由布料而非皮革制成，袖子应该可以拆卸，这样就更方便母亲和仆人清洗。他穿饰有精致花边的鞋子，而不是临冬城男性常穿的厚靴子。

布兰登被瑟曦的孪生兄弟詹姆·兰尼斯特（尼可拉·科斯特—瓦尔道饰）从高塔窗边推下，摔成瘫痪。直到这时，他的故事才正式开始。后来，艾德·史塔克的养子席恩·葛雷乔伊（阿尔菲·艾伦饰）背叛了史塔克家族，以葛雷乔伊之名占领临冬城，布兰登被迫逃离家园。

左图　伊萨克·亨普斯特德—怀特饰演布兰登·史塔克。
右图　布兰登坠塔后苏醒，造型转为更成熟的传统史塔克风格，身穿皮革紧身上衣和饰有交叉绑带的厚毛皮斗篷。
对页上左图　布兰登的系带皮革紧身上衣呈暖棕色。
对页上右图　致敬徒利家徽的鱼形配饰。
对页下左图　舒适的棕色靴子更显成熟。
对页下图　布兰登的颈甲饰有冰原狼浮雕。

北境再不能安身，布兰登便前往隔绝自由民和原始部落的长城，投奔同父异母的哥哥琼恩·雪诺。之后，布兰登又从长城出发，与梅拉·黎德（艾丽·肯德里克饰）和她的弟弟玖健（托马斯·布罗迪—桑斯特饰）同行，穿越茫茫雪地，一路向北。

三人衣着相仿，都能抵御严寒。我假设他们以兔子为食，并把剥下的兔皮粘在衣服上。粘兔皮时，兔毛朝里，用来保暖；兔皮朝外，用来防水。整套服装原料天然，富于质感，重现了人物所处的真实环境。

顶部图　长城北上，布兰登（伊萨克·亨普斯特德—怀特饰）身着好似兔皮粗略缝成的衣服。

下图　布兰登服装细节图。衣物呈泥土般的灰褐色，富有质感。

对页图　旅行着装十分厚重，以尽可能抵御极端寒冷的天气。

布兰登·史塔克

在长城以北，布兰登获得了三眼乌鸦的能力——他随后返回临冬城，但曾经的布兰登已不复存在。野外经历深刻影响了他的穿衣风格，并一直持续到本剧结束。布兰登回到了城堡，回到了家，与两个姐妹团聚。史塔克的蓝灰色仍是布兰登服饰的主色调，但他还有一件毛皮衬里的长外套，配着粗织亚麻肩带。另外，皮带扣也会让人感觉他很安全，感觉他被爱着，有什么在保护着他。为了欢迎布兰登回家，珊莎在他脖子上围了一只高高的领圈，它不仅能保暖，也是史塔克家族的标志性穿搭。

上右图　布兰登（伊萨克·亨普斯特德—怀特饰）回到临冬城，打扮得像一位北境公爵。
下左图　厚重的斗篷用皮带固定。
下右图　棕色皮带饰以浮雕和黄铜扣。
对页图　布兰登在临冬城穿着粗织亚麻大衣，配以史塔克传统配色的大毛领。

大结局中，布兰登被加冕为六国之王，珊莎则统治独立的北境。国王布兰登的新服饰采用了史塔克家族的传统蓝灰色，由厚重的棉里丝质天鹅绒制成。该造型比在临冬城的造型更华丽，但也非常符合史塔克家族一贯的风格。布兰登将在南方定居，但首都的城堡内部仍然很冷，他依然需要保暖。我为此设计了绗缝长袖紧身上衣和衬垫长下摆，另附一件刺绣毛皮斗篷，斗篷颈部饰有形似羽毛的细致黑色刺绣。这套装束不仅象征着史塔克的冰原狼家徽，也象征着三眼乌鸦。羽毛刺绣的针脚向外发散，尤如四射的阳光，预示了新统治者光明的未来。总而言之，布兰登的压轴造型虽然风格简约，却也蕴含着无限荣光。

上左图　六国之主，残王布兰登（伊萨克·亨普斯特德—怀特饰）。
上右图　布兰登的压轴造型中，衣服颈部和肩部（包括衣领）用刺绣绣出乌鸦羽毛的效果。
下左图　肩部羽毛刺绣局部特写。
下右图　布兰登国王造型的肩部背视图。
对页图　残王布兰登一身蓝灰色，身着绗缝长袖紧身上衣，下摆加长并加垫衬，用于保暖。

塔斯的布蕾妮

在这个尔虞我诈、暴力横行的世界里，布蕾妮（格温多兰·克里斯蒂饰）坚守着正义与荣耀。她是塔斯家族唯一幸存的女儿，却不想成为哪个家族的夫人。她是个骁勇善武的战士，身材高大，力量惊人，打败了不少对手。成为骑士是她毕生的梦想，但只有男性能获得骑士头衔。她在维斯特洛大陆辗转挪移，曾暂居临冬城，一心效忠于珊莎小姐，后来又接受邀请，为布兰登国王效力。

我为布蕾妮设计盔甲时，不愿让胸甲呈现"胸型"。在男人眼中，布蕾妮没有女人该有的样子，她因此深感受伤。再加上布蕾妮的性格十分敏感，"胸型"胸甲会只让她更难堪。于是我在胸甲上设计出 V 形线条，在凸显女性气质的同时，不过于强调她的性别。另外，她最开始穿的下摆与史塔克男性穿的线条纹路相同，只是铆钉有些许区别。

左图 塔斯的布蕾妮在《权力的游戏》首次亮相时所穿的盔甲。
右图 布蕾妮（格温多兰·克里斯蒂饰）身着铜色胸甲，甲面线条惑很强，有威严之感。
对页图 布蕾妮（克里斯蒂饰）身着首次亮相时的盔甲，准备战斗。

上左图　布蕾妮腰上常挂着剑。
中左图　这双褪色的长筒靴在旅行和战斗中都非常实用。
下左图　格温多兰·克里斯蒂饰演布蕾妮。
右图　布蕾妮首次亮相时的盔甲背视图。衬垫下摆里面穿着中性风的裤子和靴子。
对页图　布蕾妮出场造型的胸甲细节图。

布蕾妮的第二套盔甲由詹姆·兰尼斯特赠予，比第一套更为精巧。詹姆曾是史塔克家族的俘虏。布蕾妮奉凯特琳之命护送他回君临，途中与詹姆意外结缘。我们采用手工锻造的金属打造了这身盔甲——其廓型与第一套大致相似，毕竟詹姆自己没什么设计意识。不过，它的手臂线条更优雅些。我们还保留了略带北境风格的中分下摆，但在下摆的皮革带上印满成对的日月浮雕，那是塔斯家族的家徽。这些皮革带必须用粗链甲手工固定在一起，出于安全考虑，所有盔甲都配了软化版本，供演员和特技演员在战斗场景中佩戴。总而言之，第二套盔甲更加精致，以詹姆的身份，应该有办法命人制造出来。布蕾妮穿上它，开始变得更像传统骑士了。

> 我们还保留了略带北境风格的中分下摆，但在下摆的皮革带上印满成对的日月浮雕，那是塔斯家族的家徽。

对页图　布蕾妮（格温多兰·克里斯蒂饰）的新盔甲是詹姆·兰尼斯特赠送的礼物，饰以红金相配的双层腰带，有明显的兰尼斯特风格。
右图　下摆上的塔斯家徽十分显眼，由压花皮革带制成，并用粗链甲固定在一起。
左图　布蕾妮（克里斯蒂饰）身着新盔甲；其胸甲上的几何图案让人联想到上一套盔甲的花纹。
第86-87页　布蕾妮第二套盔甲细节图，上有链甲的微小细节及印在下摆皮革带上的塔斯家徽。

在蕾妮身着詹姆送给她的盔甲，一路寻找珊莎，最终和她相聚临冬城。在这里，布蕾妮学到了史塔克家族的风格，开始穿颜色更深的衣服和交叉绑带固定的厚斗篷。她也穿史塔克男性青睐的简约皮革紧身上衣。此时，布蕾妮已然成为史塔克家族的一员，她的衣着表明她对史塔克家族忠心耿耿，会不惜一切代价保卫临冬城。

顶部图　在临冬城，布蕾妮和北境人一样，身穿棕色皮革紧身上衣，外搭交叉绑带固定的斗篷。不过，具有兰尼斯特风格的红金腰带被保留了下来。

对页图　布蕾妮（格温多兰·克里斯蒂饰）在临冬城。

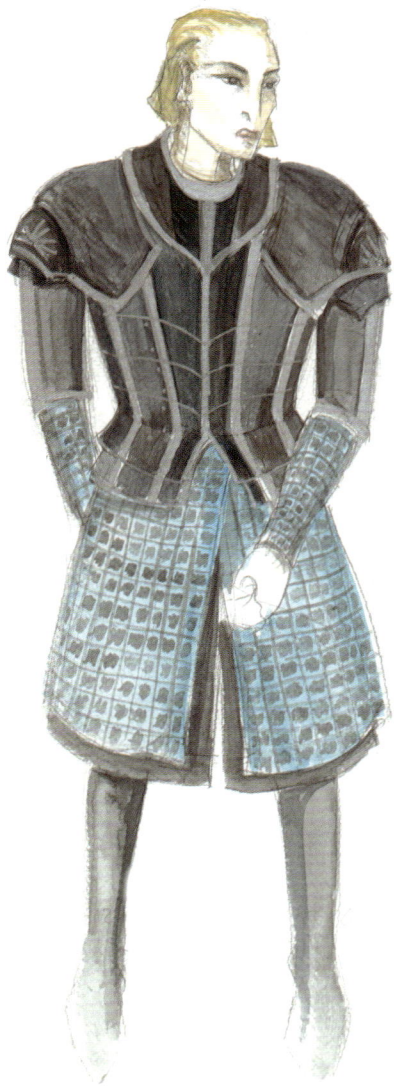

布蕾妮一生都被视作异类，遭人误解，终于扬眉吐气，由詹姆·兰尼斯特封为爵士，在临冬城找到归宿。但她的人生又见转折，出乎意料——她被选为御林铁卫队长，服侍新王"残破者布兰"。我觉得布兰不会给布蕾妮和她麾下的骑士钦定服装风格，而是让布蕾妮自由选择。所以，

我按照布蕾妮自己的盔甲样式制作了御林铁卫盔甲，在胸甲上刻出三眼乌鸦浮雕。盔甲下摆缀以黄铜圆盘，圆盘上印着渡鸦的一只眼睛。身披铠甲的布蕾妮令人眼前一亮——她傲然挺立在观众面前，初掌大权，意气风发。她生来注定要当上贵族骑士，如今，她已成为一名贵族骑士。

对页图 残王布兰的御林铁卫队长布蕾妮所穿盔甲。作者：米歇尔·克莱普顿。
左图 布蕾妮胸甲上的三眼乌鸦标志图样。
右图 布蕾妮的御林铁卫盔甲图样定稿。作者：米歇尔·克莱普顿。

葛雷乔伊家族

在维斯特洛大陆西部,葛雷乔伊家族统治着铁群岛。葛雷乔伊族人性格鲁莽且孤僻,与北境贵族史塔克截然相反。然而,席恩·葛雷乔伊(阿尔菲·艾伦饰)将两个家族永远联系在了一起。葛雷乔伊家族作风野蛮、放荡不羁,冒险和征服是他们生活的主旋律。他们会率领庞大的舰队穿越派克岛周围海域,一旦发现堡垒就洗劫一空。他们最爱做的事情莫过于抢掠财物和折磨弱小。

和史塔克家族一样,葛雷乔伊家族的服饰风格取决于他们的生活环境。他们生活在一个多风多石的岛屿上——恶劣的环境哺育出了粗野的人民,其服饰风格也是如此。葛雷乔伊家族的服饰配色来自深浅不同的板岩和花岗岩。它们看似用皮革制成,实际上只是密织亚麻布,表面覆上了蜂蜡,才呈现出皮革质感。根据本剧设定,葛雷乔伊家族会用鱼油涂满衣服。可要让演员忍受这股腥臭味实在不公!高筒皮靴也必不可少,因为葛雷乔伊族人大半生都在水中跋涉。他们毕竟是一帮老练的水手,连信仰的神明都叫"淹神"。水,就是他们的命。

葛雷乔伊族人会把衣服紧紧束在身上,这说明他们活动和睡觉时都穿同一件衣服。他们大概散发着汗液、海盐和矿石的味道,仿佛一座移动的岛屿——实际上,这些衣服上有股蜂蜡的宜人香气。剧组在北爱尔兰拍摄时,我经常在海滩上散步。那时,我发觉岩石上的地衣和贻贝有种特殊的光泽。这种光泽成了葛雷乔伊造型的灵感来源,提供了颜色参考,让我决定给衣服打蜡,并定下了他们极度简洁的风格。

葛雷乔伊族人的斗篷款式简单但功能强大,真正诠释了这些人的精神。所谓斗篷,不过是一块蜡面长方形布料,上面挖了两个穿手臂的洞,余料则绕身做成披肩。斗篷正面宽大的褶层既能抵御极端天气,也能拉过头顶,充作遮风挡雨的兜帽。再沿斗篷边缘缝一排鱼骨似的蜡线针脚,整个造型便宣告完成。

左图 葛雷乔伊家族基本造型草图。作者:米歇尔·克莱普顿。
右图 从米歇尔·克莱普顿绘制的草图中可以看出,雅拉·葛雷乔伊早期造型中多有保守的女性化元素。
对页图 概念草图中,雅拉身着葛雷乔伊家族青睐的简约斗篷。作者:米歇尔·克莱普顿。

席恩·葛雷乔伊

故事伊始，席恩（阿尔菲·艾伦饰）是个自以为是的男孩——他性格软弱又不讨人喜欢，由于幼年时被艾德·史塔克从铁群岛带走并收为养子，他怀恨在心。这种受史塔克委屈的心理让他犯下了一系列错误。席恩以葛雷乔伊之名占领临冬城，后被施虐狂拉姆斯·波顿（伊万·瑞恩饰）击败，失去对临冬城的控制。他为自己的失败付出了常人难以想象的代价。

起初，席恩的穿着遵循史塔克风格，却采用了葛雷乔伊家族惯用的颜色。由此可见，他一开始就怀有二心。本剧开头几集中，席恩身着浮夸的紧身上衣，姿态高傲，仿佛全世界都该围着他转；但他的斗篷很薄，衣领款式简单，用兔毛做成。在紧身上衣里面，他还穿了一件史塔克风的衬衫。

左图　席恩（阿尔菲·艾伦饰）穿着华丽的紧身上衣，看上去相当倨傲。

右图　席恩（艾伦饰）的斗篷很薄，材质较轻，说明养子没有受到亲生孩子那样好的照料。

对页图　席恩（艾伦饰）可能看似史塔克的一员，却怀有二心——其斗篷上饰有葛雷乔伊家族的海妖家徽。

　　随着故事推进，席恩被拉姆斯俘虏，遭受了惨绝人寰的折磨，性格从此彻底改变。为了羞辱席恩，拉姆斯给他起名为"臭佬"，将其打扮成临冬城的仆人。这个时期，他身着几层烂亚麻布做成的围裙式束腰外衣。华冠丽服、贵族身份统统被剥夺。不过，在拉姆斯和珊莎的婚礼上，席恩的造型还略微符合他从前的地位。婚礼造型呈灰黑色调，十分阴沉，很有史塔克的传统风格。衣料用锦缎来呼应凯特琳·史塔克，可针织紧身上衣又做得不够长。整套着装不太合身，像个奴仆，其糟糕的剪裁更表明他地位低下。

顶部图　席恩的"臭佬"服用数层黑色的烂亚麻布制成。

下图及对页图　阿尔菲·艾伦（Alfie Allen）扮演"臭佬"时戴着一个简陋的项圈，强调了他仆人的身份。

上图　珊莎和拉姆斯的婚礼上，席恩（阿尔菲·艾伦饰）身穿剪裁精美的棕色紧身上衣；衬衫袖子和斗篷均由锦缎制成，以致敬凯特琳·史塔克。
对页图　该造型包含配有交叉肩带的锦缎斗篷和浮雕棕色皮带。

席恩·葛雷乔伊

席恩逃出拉姆斯的魔掌后开始重拾自己铁群岛之子的身份。最明显之处在于他的造型向传统葛雷乔伊风格的转变。他的紧身上衣突出了葛雷乔伊的海怪家徽，这是一种相当吓人的海怪。和所有葛雷乔伊一样，席恩盔甲上也刻着一只栩栩如生的海怪——我希望这些海怪看起来就像是他们自己拿刀刻出来的。尽管如此，从盔甲颈部的肩带我们可以觅得史塔克风格的踪影，其配色也表明了席恩的忠心所向：盔甲并非岩石灰色，而是北境的棕色和黑色。席恩愿意为曾经犯下的错误赎罪，为恢复名誉不惜代价——他最终用生命换回了荣誉，在保护布兰时被夜王杀害。

顶部图　席恩（阿尔菲·艾伦饰）回到铁群岛的怀抱，衣着设计具备了葛雷乔伊家族的所有特征。
下图　席恩用葛雷乔伊的海妖家徽装饰腰带。
对页左图　该造型以传统葛雷乔伊风格的斗篷为特色，基本上由一块长方形的蜡布制成。
对页上右图　紧身上衣上的海妖家徽格外醒目，像是用刀在皮革上刻出来的。
对页下右图　席恩的剑鞘上也饰有海妖图案。

逃出拉姆斯的魔掌后，席恩开始重拾自己铁群岛之子的身份。

雅拉·葛雷乔伊

席恩的姐姐雅拉（杰玛·韦兰饰）是一位天生的战士，崇尚葛雷乔伊家族的生活方式——她决心追随父亲的脚步，稳坐派克岛盐王座，统领整个铁群岛。她从小和席恩分隔两地，成年相见都互为陌生人，却爱席恩爱得深沉。出于荣誉、责任和同情，就算席恩仿佛完全迷失了自我，雅拉也不遗余力地拯救他。

雅拉每次出场，造型都和刚登场时相差无几。凡是地道的葛雷乔伊成员都不怎么添置衣物，所以雅拉的着装始终如一。她的蜡面紧身上衣呈岩石灰，饰有标准的铁群岛式花边。皮裤磨得很旧，破破烂烂，大约穿上了就不会脱掉。靴子的靴筒高过膝盖。雅拉应该会大摇大摆地走路，高筒靴子改变了她的步态，也体现出其性格。脚踩高筒靴，步伐稳健，昂首挺胸，充满了自信。除此之外，雅拉是个老练的船长，随时会与别人发生武装冲突，这双靴子于她而言非常实用。

雅拉的服饰风格非常中性化。她常穿派克岛男性样式的着装，毕竟她统率着一支男人组成的舰队，如此穿戴乃明智之选。铁种水手不会追随一个外表娇柔的女人，就算聪慧凶猛如雅拉也不行。她必须时刻展现实力，因为子民们对懦弱者深恶痛绝。雅拉的力量简直无懈可击——从她的行为和服饰风格便能看出几分。

左图　杰玛·韦兰饰演雅拉·葛雷乔伊。
右图　雅拉的长袖紧身上衣和长裤由蜡面亚麻布制成，能防水。
对页上左图　雅拉的紧身上衣是与铁群岛岛屿相同的颜色，用蜡线缝合，看上去能防水。
对页中左图　雅拉紧身上衣肩部细节图。
对页下左图　紧身上衣系带特写，带子上镶嵌金属作保护。
对页右图　雅拉（韦兰饰）经典造型中，有一双醒目的过膝靴。

攸伦·葛雷乔伊

攸伦·葛雷乔伊（皮鲁·埃斯贝克饰）谋杀了哥哥巴隆（帕特里克·麦拉海德饰），登上盐王座，并发誓要把反对他掌权的侄子席恩和侄女雅拉赶尽杀绝。他是个疯子，极度妄自尊大，甚至创造出他自己的纹章：那是葛雷乔伊海怪的变体，头顶上有只大大的眼睛。他把这只海怪刻在盔甲的显眼位置。这清楚地表明，他尽管在铁群岛出生，却已经把自己和铁民区别开来。

上左图　登上盐王座后，攸伦·葛雷乔伊（皮鲁·埃斯贝克饰）换上可怖的黑色盔甲，上面饰有强化版海妖家徽。

右图　攸伦盔甲背视图。

下左图　攸伦胸饰背面和饰满海妖的战斧细节图。

对页图　攸伦的盔甲上饰有一只大大的眼睛和他的强化版海妖家徽。

构思攸伦的造型时，我决定将他包装为葛雷乔伊家族的摇滚明星。攸伦的盔甲上雕着星星；这可能是他用刀片亲手在皮革上刻出来的。裤子搭配不对称下摆，整个人摇滚范儿十足！攸伦的斗篷与席恩的款式相同，但颜色偏深，反映出内心的黑暗。攸伦与其他葛雷乔伊族人相同，衣服上的缝线也呈鱼骨形。

对页左图　受经典朋克风格启发，攸伦的造型有独特的长外套和高筒靴。

对页右图　米歇尔·克莱普顿绘制的早期草图中，攸伦·格雷乔伊肩戴闪闪发光的金属件，身着不对称下摆和长靴。

上左图　星星图案好似攸伦拿刀在皮革上亲手刻出来的。

中左图　攸伦的服饰比其他葛雷乔伊家族成员颜色更暗，表现出他阴暗暴戾的性情。

右图　攸伦·葛雷乔伊（皮鲁·埃斯贝克饰）的标志性摇滚明星造型。

莱莎·艾林

艾林家族是维斯特洛的一个大家族，居于东部高耸的鹰巢城，统治整个谷地。艾林家族的家徽为蓝底上的白色新月和猎鹰，族人服饰多为天蓝色。故事开头，鹰巢城公爵琼恩·艾林（约翰·斯坦丁饰）神秘去世，留下遗孀莱莎和唯一幸存的孩子（罗宾·艾林）在鹰巢城相依为命。

凯特琳·史塔克的妹妹莱莎·艾林（凯特·迪基饰）是个脆弱的女人，既没有姐姐的坚定意志，也没有姐姐的精明头脑。莱莎对独子罗宾（利诺·法希奥利饰）百般溺爱，罗宾早过了断奶的年龄，可她还是应他要求喂奶。莱莎的长袍饰有悬垂长袖，能裹住吃奶时的罗宾，悬垂长袖后来成了艾林家族服饰的特色。宽大的袖管让人联想到翅膀，更与天空呼应，也似乎适合这些在半空中生活的人们。我们在工作室为莱莎的连衣裙定制了印花，其设计灵感源于艾林家族的家徽。衣料花纹以飞鸟和新月为特征。我们选用了瑟曦和珊莎在君临穿过的纺绸。我十分喜欢纺绸，它极易损坏，仿佛能影射出莱莎脆弱且变化无常的性格。

左图及右图　莱莎·艾琳（凯特·迪基饰）偏爱蓝色和金色，这是艾林家族和鹰巢城居民服饰的传统颜色。
对页图　第一季中，莱莎的服饰由纺绸制成，有新月和猎鹰印花，灵感来源于艾林家族。

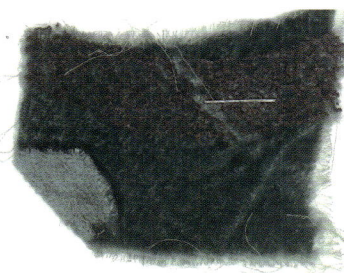

上图　莱莎·艾林的服装图样显示，莱莎给儿子罗宾哺乳时可以用褶层包着他。草图附有用于参考配色的织物样本。作者：米歇尔·克莱普顿。

对页图　礼服与简约巧克力色仿麂皮踝靴搭配。

顶部图　莱莎第一季造型中，下胸围线上依偎着朝上飞的青铜猎鹰。

下左图及下右图　猎鹰也是礼服刺绣的主要元素。

对页图　莱莎的服饰花纹精致，和妹妹凯特琳之间建立了视觉联系。凯特琳的裙子也多饰有繁复的刺绣。

罗宾·艾林

罗宾（利诺·法希奥利饰）是艾林家族的继承人，他任性专横，被母亲保护到了一种病态的程度。他的服饰也有悬垂袖，以增强和母亲之间不正常的亲密感；两人穿深浅相同的青铜色和蓝色衣服。罗宾的服装大多面料奢华，主要由天鹅绒制成。我们做出一种印有金属色猎鹰图案的天鹅绒来给罗宾制作斗篷，它在光线下会闪闪发亮。罗宾娇纵又脆弱，本就是个被宠坏的小男孩，奢华的服饰使这一形象更为突出。

> 罗宾娇纵又脆弱，本就是个被宠坏的小男孩，奢华的服饰使这一形象更为突出。

中左图　罗宾·艾林的猎鹰状青铜斗篷搭扣在莱莎的服饰中也出现过。
下左图　罗宾的斗篷衣领凸出，由涂层帆布制成，上面覆盖着天鹅绒。
右图　色度饱满的华丽青铜色面料非常适合这个娇生惯养的男孩。
对页图　罗宾·艾林（利诺·法希奥利饰）的披风包裹着双肩，让人联想到翅膀的形状。

小指头

培提尔·贝里席（艾丹·吉伦饰），也就是小指头，出身远非显赫，为了爬到维斯特洛社会顶层，一心一意，不择手段。故事开始时，他还有很长的路要走。但他仍是个骄傲的人，常戴着代表贝里席家徽的仿声鸟胸针。他把触角慢慢伸进显赫的大家族内部，为他们充当幕僚，但他只为自己和自己的社会地位服务。小指头是没有什么道德准则的。

从穿着可以看出，这位狡诈多端的政治顾问是个天生的两面派——这些服饰看起来庄重沉稳，鲜艳的丝绸内衬却揭穿了他生活的另一面。在故事开头，小指头显得更为谄媚。他常穿中立颜色的长衬里紧身外套，绝不让穿衣风格亲近任何一个家族，以免冒犯潜在的盟友。棕色和古典金色都属于暖调大地色系，让他更像一只变色龙。然而，他的服饰中常带有一点点蓝色，代表对奔流城一起长大的凯特琳·史塔克求而不得的爱。

上图 小指头衣服上的淡蓝色暗示他对凯特琳·史塔克的单恋。
右图 小指头别具一格的绕身红色坠布没有实际作用，只代表他是有地位的人，值得尊敬。
对页图 小指头（艾丹·吉伦饰）的外套用金属精制的搭扣扣合。

左图　小指头（艾丹·吉伦饰）穿着圆圈印花外套，肩部饰有贝里席的知更鸟家徽。

右图　小指头腰间系着精致的金属腰带，上面挂着匕首。

对页图　小指头的装饰性坠布印花很淡，走近了才能看清楚——他的阴谋诡计也是如此。

小指头

　　小指头的服装都是由纵深感较强的织物制成，素雅而优美。有关于培提尔·贝里席的一切都是有条不紊。他的衣物上有一些规律的、对称且重复的小图案。甚至领口剪裁也反映了小指头的性格：他的衣领被缝成六边形，而不以标准的半圆形系在脖子上。那些锐利的线条也暗示着，这个男人的一切都是考虑周全而严谨的。他的旅行大衣富有特色的悬垂袖，就像斗篷一样悬挂着。

　　小指头为了谋取谷地守护者的头衔，迎娶，然后杀害了莱莎·艾林，他的社会地位也在这期间加速上升。在小指头的整个人生轨迹中，随着地位不断提高，他因此会穿一些更矫揉造作的衣服，比如全身挂一件明艳的丝绸。我改变了他的大衣裁剪方式，小指头走路时，他的大衣会垂落敞开，露出更多我为内衬选定的鲜艳色彩以及醒目图案。可以这样说，这个男人与他表现给外界的样子确实有很大不同。我还为他设计了精美的黄铜腰带，箍在大衣上，这腰带虽然看起来精致，但也能挂上一柄较重的匕首。这看起来就像某种错视效果——在小指头身上，所有东西都不止表面那么简单。

对页图　小指头（艾丹·吉伦饰）与珊莎·史塔克（索菲·特纳饰）同行，小指头穿着巧克力色斗篷，盖住内部图纹华丽的大衣。

上左图及右图　小指头的服装经常以悬垂衣袖为特色，并且他的大衣常伴有精细内衬，来暗示这个男人有什么东西要隐藏。

中左图　小指头的饰针参考了贝里席家族的知更鸟家徽。

下左图　他的旅行装还包括一双棕色皮革短靴。

左图　在小指头的旅行斗篷之下，他的大衣由深棕色织物制成，图样华丽。

上右图　身后的开衩露出其中的淡蓝色内衬，这象征着小指头对凯特琳·史塔克的情感。

下右图　衣领在身前成尖角形。

对页图　小指头（艾丹·吉伦饰）穿的大衣有许多重复的图案，暗示着他的性格——办事有条不紊，以及发号施令和操纵别人的需求。

拉姆斯·波顿

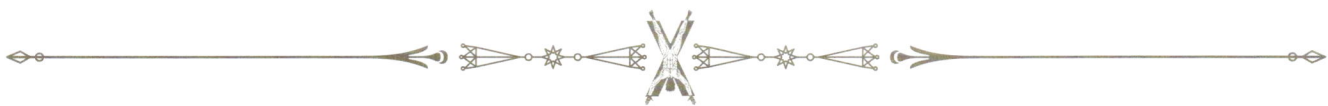

波顿家族位于东北部，他们生性残暴，因会将他们的敌人剥皮而出名。他们的家徽是一个倒吊着的，被剥了皮的人。但是在设计波顿家族的服装时，我希望服装能够在一定程度上隐藏他们的残忍。他们会先哄骗受害者，让其以为自己处境安全，在致命一击之前才会露出他们的本性，他们就是这样的人。

拉姆斯·波顿（伊万·瑞恩饰）是卢斯·波顿（迈克尔·麦克埃尔哈顿饰）的私生子，也是剧集中出现过最暴虐的人物之一。原本被命名为拉姆斯·雪诺的他极度渴望身份的合法性，他也会不择手段，只为了证明他够格成为家族继承人。但是，在设计拉姆斯的服装时，我常淡化他的施虐倾向。倘若以皮革来装扮他的话，我觉得意味太过明显。相反，拉姆斯会利用服装使旁人放下戒备。他的衣着有些柔和，具有欺骗性，与他难以估量的凶残本性形成鲜明对比。

我认为在我设计拉姆斯迎娶珊莎的婚礼着装时，这一点表现得最为明显。我们将他的衣物染为深巧克力棕色，这种颜色在北境尤为常见。整体看起来像是罗柏·史塔克可能会穿的衣服，除了他那件丝绸厚织紧身上衣上大片的精美花纹——这比我们为罗柏设计的任何衣物都更为华丽。拉姆斯穿的像一个贵族，一个富有的领主。他想将他的身份传达给身边所有人。通过迎娶珊莎，拉姆斯成为临冬城公爵，获得了他长久以来渴望的高贵身份，尽管他这一头衔只维持了一段时间。在私生子之战中被琼恩·雪诺及其军队打败后，拉姆斯遭受了毁灭性打击，随后迎来了惨不忍睹的死亡。

右图 拉姆斯的婚礼着装包括高领丝绸紧身上衣，配有传统的男士裙装以及长裤。都笼罩在棕色斗篷下。

对页图 父与子——卢斯·波顿（迈克尔·麦克埃尔哈顿饰）以及拉姆斯·波顿（伊万·瑞恩饰）——在拉姆斯的婚礼上。

卢斯·波顿

作为波顿家族的首领，卢斯·波顿（迈克尔·麦克埃尔哈顿饰）起初为罗柏·史塔克而战，保护北境免受兰尼斯特家族染指。但随后波顿家族与兰尼斯特联手，成为血色婚礼的关键同谋之一——由他之手，匕首刺穿了罗柏的心脏，使他丧命。

在设计波顿族人的服装时，我采用了非常相似的方式设计卢斯与拉姆斯的穿着，就像打造一对父子搭档。卢斯穿的是传统的北境贵族装——紧身上衣加土褐色下摆，皮带系住毛皮衬里的斗篷。但我总觉得他应该看起来更干净利落些。卢斯的服装颜色要比他儿子色调更暖。尽管他也杀人如麻，但他并没有他儿子拉姆斯那样冷酷。我甚至认为他并没有意识到他儿子的残暴已经到了怎样的地步——至少在拉姆斯刺死他之前。

中左图　卢斯·波顿出席他儿子婚礼的服装边饰运用了棕色皮革，包括衣领。
下左图　边饰一直延伸至肩膀处，特色在于捆扎细节。
右图　卢斯·波顿的婚礼服装包括一件常见紧身上衣，由棕色织物制成，缝有金线。
对页上左图　另一角度婚礼服装肩部细节。
对页上右图　卢斯·波顿穿着他的婚礼服装。
对页下左图　一根细细的皮革腰带系在腰部，这也是婚礼服装的一部分。
对页下右图　卢斯的婚礼服装上的图案细节。

2 兰尼斯特及相关家族

兰尼斯特及相关家族

在剧集的大多数时间里，维斯特洛都由兰尼斯特家族统治，这是南方最显赫的家族，也是七国里最富有、最古老的家族之一。他们深谋远虑，冷酷无情，处处留心自己的服装会给旁人传递什么信息。兰尼斯特家的人把财富穿在身上，精心打造出有权有势的形象，这一形象也反过来提醒他人其家族财力雄浑。设计他们的服装时，我从他们的家徽上获取灵感——红底上的一只金狮。其家徽决定了我在颜色上的选择，也给了我许多服装装饰的灵感。我决定，兰尼斯特成员——尤其是家族首领，泰温·兰尼斯特（查尔斯·丹斯饰）——不会放过任何一个在穿戴上融入家徽元素的机会。他们是骄傲的，像狮子一样。

兰尼斯特家族领地的地理位置对其族人的服装有十分大的影响，该地区的其他世家大族也是如此。南方阳光普照，气候干燥，这使我能够以鲜艳的色彩与奢华的织物去装饰那里的人民。在某些情况下，我还能设计露出大片皮肤的服装。南方的土地有进行商贸的可能，因此我决定利用一些五彩斑斓的、有异域风情的丝绸，这些丝绸可能来自遥远的大陆。当然，各地风情殊异。在首都君临，富有的人们喜欢用极其精美的材料制成的华丽衣物来展示他们的财富与地位。与此同时，工人阶层与穷人则穿着简单的棉布和亚麻布。在首都，阶层之间的差距十分显而易见，但大部分人只要有机会，就尽量模仿那些富裕阶层，或是红堡中皇族喜好的风格。

这一区域的其他家族也各有特色。提利尔家族与兰尼斯特家族同样富裕。其家族成员骄傲地佩戴着家徽——绿底上的一朵金色玫瑰。最初，我选用绿色为提利尔家族服装的基本色，但在剧集稍后的地方我转而使用印有玫瑰的淡蓝色织物，

这是为了与君临较暖的色系形成更鲜明的对比。

再远处，拜拉席恩家族的角色穿得更加五花八门。蓝礼·拜拉席恩（格辛·安东尼饰）是劳勃国王最年轻的弟弟。我为他设计了更时髦的服装，细节处致敬其雄鹿家徽。史坦尼斯·拜拉席恩（斯蒂芬·迪兰饰）排行第二，我为其打造了更严肃，更军事化的造型。着装差异突显了兄弟二人之间的差别。

我很喜欢设计多恩人的服装。生活在全维斯特洛最南端的多恩人，不分贵贱都穿着由多彩的丝绸制成，剪裁暴露，适合炎热天气的衣裳。多恩人脾气火爆，性情急躁，蔑视传统。而在性方面，他们十分开放，许多人都和情人育有非婚生子女。他们的文化如此不同，我必须让观众立刻意识到，这个地方完全区别于首都。

君临服装的用色更贴近摩洛哥，而多恩的色调更鲜艳，更有印第安风格。我为多恩人的服装选用了浓烈的色彩，如藏红色，辅以粉色、绿色刺绣，其间走线用金属感的丝线。这种色彩浓度在君临是很少穿上身的。我还用服装的廓形来体现两地的显著差异。我希望多恩裙子穿起来几乎不遮挡什么，就好像它们是直接贴身穿的，能说脱就脱。对于一个性开放的社会而言，这看起来是个不错的选择。

第128-129页　瑟曦·兰尼斯特的长裙有着华美的刺绣以及其他细节（从左图起）红色与金色为主的的织物上有着花与鸟；淡紫色加金色的长裙肩膀处有兰尼斯特雄狮；金属色的珠子与针线绣出雄狮家徽；女式紧身衣上有兰尼斯特雄狮的细节。
对页图　君临城女性服装的早期设计。作者：米歇尔·克莱普顿。
右图　米歇尔·克莱普顿构思的多恩人服装。

瑟曦·兰尼斯特

《权力的游戏》开始时，瑟曦·兰尼斯特（琳娜·海蒂饰）是王后，被父亲泰温·兰尼斯特嫁给了粗鲁的君王——劳勃·拜拉席恩（马克·阿蒂饰）。瑟曦渴望运用她的智慧和政治才干，却发现自己实际上毫无权力，还被一个她瞧不起的男人束缚着。瑟曦有三个孩子——乔佛里（杰克·格里斯饰）、弥塞菈（艾米·理查森及尼尔·泰格·弗莉饰）、托曼（迪恩—查理斯·查普曼及卡勒姆·瓦利饰），但他们的生父并非劳勃国王，而是瑟曦的双胞胎弟弟詹姆（尼可拉·科斯特·瓦尔道饰）。瑟曦立志于改变她所处的环境，并将不择手段。

在瑟曦的故事刚开始时，我采用柔软的织物与柔和的颜色来设计她的服装。她早期的长裙都是用纺绸制成，如第一集中她穿着陪劳勃国王前往临冬城的那一件，但其内衬是金属质地的丝绸。我喜欢这种纺绸，看起来十分女性化，轻若无物。而其下，则是全副武装。在外界看来她金发飘飘，是个十分柔弱的传统女性。但实际上她是一头沉睡的母狮，为将来的战斗做好了准备。我还为她设计了一件绣有鸟的淡绿色长裙，瑟曦将自己视为笼中鸟，我十分喜欢这一点。这件长裙与她红堡卧室的墙纸颜色是一样的，仿佛她就是房间装饰的一部分。这两件长裙都采用了和服风格，很容易就能脱掉。我希望营造这样一种感觉——在前两季，瑟曦生命中的男人总是有机会得到她的身体（在前两季）。只有随着时间流逝，瑟曦的故事继续发展，她才慢慢变得更全副武装，更为封闭。

对页左图 瑟曦的淡绿色和服式长裙饰有鸟样刺绣。

对页右图 米歇尔·克莱普顿早期绘制的瑟曦长裙草图，特点是金色与暗红色的织物上有啼鸣的鸟儿。

上左图 瑟曦常在她的腰间系上浮纹黄铜腰带。

中左图 瑟曦戴着她的兰尼斯特雄狮吊坠。

下左图 长裙鸟样刺绣细节，象征着瑟曦在她与劳勃·拜拉席恩的婚姻中，觉得自己是一只笼中鸟。

右图 淡绿色和服式长裙后视图。

在劳勃死于一场看似打猎事故的意外，瑟曦随后称劳勃之死是她所为之后，她很快摈弃了拜拉席恩的身份，抛弃了较淡的颜色，最终回到了兰尼斯特家族的深红色以及金色。劳勃死后，兰尼斯特家族的家徽也成为她衣服上的一个显著特征。

我采用了红色纺绸设计她的长裤，在一些侧边嵌条上绣上了巨大的金狮。她还戴上一条大装饰项链，项链吊坠上是黄金雄狮家徽。她是新王乔佛里的母亲，也因此成为摄政王后，希望展示出身为摄政太后的权力。

对页图　瑟曦·兰尼斯特穿着和服式长裙，颜色为兰尼斯特红与金，重点突出黄铜腰带。

上左图　瑟曦的兰尼斯特红色套装还包括一双红色皮革短靴。

下左图　衣袖刺绣细节图。

右图　当君临城面临史坦尼斯·拜拉席恩的部队攻击时，瑟曦在她的刺绣纺绸长裙外穿上了一件金色黄铜抹胸。

瑟曦·兰尼斯特

左图　为红色礼服的整个背面图。
右上图　胸部紧身衣的背面所雕刻狮纹。
右下图　红色礼服后领刺绣。
第138页　礼服肩上绣鸟图。
第139页　黄铜紧身胸衣雕刻图案，其中包括兰尼斯特家族的狮子。

第140页　兰尼斯特家族的狮子绣在红色礼服臀部两侧的金色底面上。

第141页和上图　米歇尔·克莱普顿的一系列草图展现出红裙和金属色束身衣的设计过程，而这正是瑟曦第二季的标志性装扮。

第143页（上图）　瑟曦（莉娜·海蒂饰）穿着以兰尼斯特为中心的红色连衣裙，和小指头（艾丹·吉伦饰）商议事情；（下图）穿着红裙子的瑟曦（海蒂饰）和她的儿子乔佛里（乔佛里·杰克·格里森饰）

瑟曦·兰尼斯特

上图　瑟曦（莉娜·海蒂饰）出席御前会议或在宫廷中会穿淡色衣服。她穿着这件淡紫色的礼服，鼓动乔佛里放弃与珊莎的婚约，改娶玛格丽·提利尔。

对页左上图　金色镶边淡紫色和服式礼服全视图，搭配黄铜腰带，可用来装饰她剧中许多造型。

对页右上图　整个袖子细节和臀部两边为金色的淡紫色礼服。

对页左下图　绣有兰尼斯特家族狮子的紫金色服装的袖子。

对页右下图　裙子肩部的金色圆形绣花图。

瑟曦·兰尼斯特

为了巩固兰尼斯特与提利尔家族的联盟，乔佛里同意迎娶玛格丽·提利尔（娜塔莉·多默尔饰）。当玛格丽抵达君临时，她的年轻貌美对瑟曦构成了威胁——她利用了瑟曦的不安全感。玛格丽越用服饰展示她年轻的躯体，瑟曦就越戒备，努力通过着装彰显自己的地位。为了达到这一效果，我们加宽了瑟曦服装的肩膀，缩紧了腰部，我也确保她总是穿着红色衣服。我觉得她应该会时刻提醒周围人她的家族与身份——这是她少数几个能彰显权力的方式之一。但是，她确实败给了玛格丽。通过与乔佛里的结盟，玛格丽获取了王后的头衔。

我希望瑟曦在婚礼上的着装是偏暗红和金色

的，这说明在这场争夺乔佛里和王后影响力的角力中，她开始处于下风。宫廷中许多人的着装都效仿玛格丽的风格，因为她在君临更受欢迎，只有少部分较年长的女性仍然追随瑟曦的风格。这又是一件让瑟曦不快的事。但她并没有就此放弃。她作为新郎母亲的礼服是用闪光绸制成的，有精美的花纹，还绣上了烦琐的兰尼斯特图样。这是一件彰显地位与权力的长裙，展示出了瑟曦的美貌、财富与尊贵。她还戴着一条巨大的金色装饰项链，其上有三只狮子。我一直认为这三只狮子象征着她的三个孩子，但她注定失去这三个孩子。

左图　瑟曦·兰尼斯特在乔佛里和玛格丽的婚礼上穿着她的"新郎母亲"礼服。

上右图　这件礼服的肩膀处绣有有兰尼斯特雄狮的脸。

下右图　和礼服搭配的红色短靴。

对页图　礼服的宽领口有意模仿玛格丽早期最令人印象深刻的服装之一——"葬礼长裙"。

第148-149页　礼服的背面由金色系带合上，沿脊柱一路向下。

右图　礼服织出的金色图案细节图。
对页上图　瑟曦戴着的巨大项链上有三节，每一节都代表着她的一个孩子。
对页下图　项链的金丝银边工艺使这件贵重的物品显得优雅而精美。

瑟曦·兰尼斯特

　　乔佛里是瑟曦第一个去世的孩子。他在自己的婚礼上被毒死，这使瑟曦悲愤交加。这时瑟曦的衣服上开始出现黑色，将来黑色将会成为她标志性颜色。为了悼念长子，她穿了一件纺绸和服风礼服，肩膀处缝上了一些小金属粒。我喜欢这种对比——精美的织物上点缀有强硬的金属。这就像瑟曦的精神状态，心破碎了但绝不屈服，相反，她决心要复仇。她的服装也采用了更恐怖的一版兰尼斯特雄狮。传统的家徽上，雄狮是两条腿前跃、头缩回、发出吼叫的姿态，而瑟曦衣服上狮子一半都是骨头，这象征着死亡与腐朽。

中左图　和风丧服长裙的流苏上有两个骷髅头状装饰。

下左图　和风丧服长裙的刺绣兰尼斯特狮看起来像是已腐烂，令人毛骨悚然。

右图　丧服由纺绸制成，金色织物镶边，肩膀处有刺绣。

上左图　细节图显示，丧服的肩膀处有狮脸刺绣，一半为骷髅。

下左图　全套丧服包括一双定制短靴以及瑟曦的雄狮吊坠。

右图　织物有精细而繁复的花纹。

对页图　瑟曦穿着她的和风丧服长裙。
上左图　金色饰边织物细节图。
上右图　礼服系带细节图，每条系带末端都有一个骷髅头装饰。
下左图　礼服肩部饰有镶嵌珠以及刺绣。
下右图　衣物以及靴子的后视图。

瑟曦被除掉玛格丽的迫切欲望所蒙蔽，与保守教派"麻雀"结盟。但她的决定引火烧身。大麻雀将瑟曦逮捕入狱，并命令她承认诸多罪行。他们决心剥去她的虚荣，剪掉她的头发，给她穿了一件简易长袍，面料粗糙，磨得皮肤生疼，看起来像粗麻布。我希望服装看起来只经过了非常简单的手工处理。我们使用了天然的有色亚麻布，但为面料染色，使其微微发黑，并在不同的地方添加针脚使其更具质感。瑟曦的人生进行到这里已经失去了所有的外在装饰、所有的力量。

只有顺从麻雀的要求后，瑟曦才开始重新获得她的地位。麻雀要求她赤身裸体穿过城市的街道，以弥补她的罪过。在忍受了这段耻辱之旅后，瑟曦来到红堡，立刻披上一件巨大的天鹅绒锦缎长袍。在我的想象中，布料必须富丽堂皇，而且必须是兰尼斯特家族的主要颜色——红色。瑟曦的忏悔只是她逃离教会，回到红堡的一种手段。她精神上并没有经历转变。事实上，她比以前更凶猛、更致命。她决心报复她的敌人。之后，瑟曦保留了一头短发，这表明她正在重塑自己，不屑于再迎合传统男性标准下的"美"。

> 瑟曦的人生进行到这里，她已经失去了所有的外在装饰、所有的力量。

左图以及对页上左图　在被麻雀羁押时，瑟曦穿着一件原色的半袖直筒连衣裙。

右图　直筒连衣裙正视图。

对页上右图　回到红堡后，瑟曦披上了红色天鹅绒长袍，这表明她回到了兰尼斯特家族的怀抱之中。

对页下左图　悔过服的针线缝合十分简单。

对页下右图　直筒连衣裙的后视图。

瑟曦·兰尼斯特

瑟曦的着装开始变得只有黑色，并且把身体遮得严严实实——她只穿长袖高领的服装。维斯特洛逐渐掌权的女性普遍这样穿。随着她们的人生发展，这些女性开始穿颜色更深、更保守的衣服。回看瑟曦，她几乎一生都在悼念亡人：乔佛里死后，她相继失去了自己的父亲、弥赛菈及托曼。最后一个儿子托曼继承王位迎娶乔佛里的遗孀玛格丽。但是随着瑟曦发动爆炸，大麻雀、提利尔家族包括玛格丽都被炸死，托曼自杀。由于没有合法男性继承人，瑟曦成为女王。

加冕礼服由黑色皮革和丝绸织锦制成，军装式的肩章突出了力量。礼服没有采用红色和金色，因为是他人的死亡让她登上了王位。这是一个肃穆而非庆祝的场合，而是一个肃穆的场合，因此黑色是唯一可能的颜色。这件长袍冷酷无情，既非男性化也不女性化。礼服和她的短发也很搭。我希望瑟曦的金银王冠是对家族徽章的抽象再造，所以在设计这件作品时，我将兰尼斯特家族的狮子徽章简化到只有雅致的几笔。

这件礼服是按照瑟曦之父泰温的风格设计的。他们的关系一直很不好。我想瑟曦仰慕泰温，甚至也爱他，但她也鄙视他。仅仅因为瑟曦是女人，泰温就拒绝认可瑟曦的聪明才干，且不将她视为自己真正的继承人。当瑟曦成为七国地位最高的人时，她选择佩戴与他有关的东西，既是纪念也是嘲笑他。

上图　在自己的加冕仪式上，瑟曦穿着一件长袖钉饰拖地黑色长裙，完全遮盖了她的身体。
对页上左图　加冕长裙的背面有一条铁链，与正面的铁链相呼应。
对页下左图　颈部背面绣上了一只兰尼斯特狮，模样可怖。
对页右图　加冕长裙突出了高领和军装风的肩章。

瑟曦·兰尼斯特

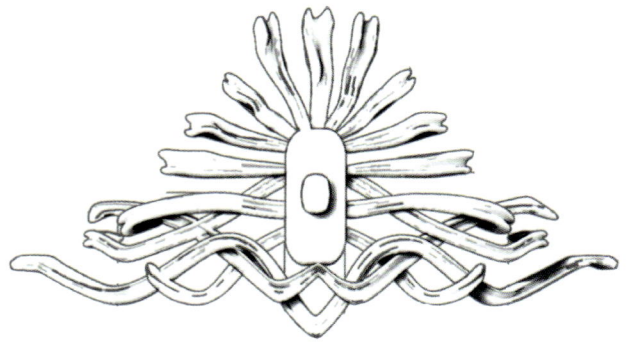

本页 各版瑟曦加冕皇冠草图以及礼服草图，作者：米歇尔·克莱普顿。我们为皇冠构想了多个版本，其中一版有三只吼狮，代表瑟曦死去的三个孩子。

瑟曦成为女王后，她的礼服裁剪更为无性别化。她并非在否认她的女性身份，而是很自豪成为王座上的女人，只是她在向上攀爬的过程中无需再利用自己的性别了。她在自己的胸前绕了一条铁链，这表明她的身体，包括情感都封闭了。虽然她的服装上仍体现了兰尼斯特雄狮，但那是一只死狮，不再是传统的家徽图样。她呈现出一副令人不寒而栗的模样，尤其是在她第一次遇见王座的竞争者丹妮莉丝·坦格利安（艾米莉亚·克拉克饰）时。

丹妮莉丝是带着任务来到君临城的——夜王执着于抹除这个世界的所有生命，而她要获得瑟曦的援助以对抗夜王的尸鬼军团。龙女王丹妮莉丝认为自己有铁王座的合法继承权，多年以来也在积蓄力量以求武力夺位，这使瑟曦颇为忌惮。在二人会面时，我为瑟曦设计了一件看起来像外骨骼一般的服装，暗示她已经成为一个冷血的角色。而我希望她看起来像一只昆虫。

中左图　瑟曦戴上王冠。
下左图　肩章上的螺旋花纹装饰特写。
右图　礼服由黑色皮革和织锦缎制成。
对页图　礼服特写，展示了服装上的图案以及肩章上的螺旋花纹。

　　这套服装的基础是一件长袖金属感长裙，我选用这种面料是因为这让人联想到锁子甲。除此之外，瑟曦还披了一件无袖外套，面料是黑色硬质女帽用毛毡，这件外套肩膀处较为突出。选用这种材料是因为它塑形能力较强——我希望这件衣服的肩膀处和詹姆·兰尼斯特的肩甲一样圆，这也强化了她"摆甲迎战"的概念。我们在外套背后的毛毡上粘了一层薄薄的精皮革面料，再将面料剪开、扭曲，然后缝合在合适的位置，这样闪亮的漆皮就会显露出来。当她把外套穿在金属裙外时，我们会产生一种奇怪的视觉错觉——如果你盯着外套背后的细节看太久，会感觉到好像能直接看穿瑟曦的胸腔，实际上只能看到一片漆黑。

左图　为了防止整套服装过于现代化，我们在金属质感的衣服上加了兰尼斯特雄狮图样。
右图　整套服装有两部分——一件条纹长袖长裙和一件无袖外套。
对页图　瑟曦着装骇人，想要借此威慑丹妮莉丝·坦格利安。

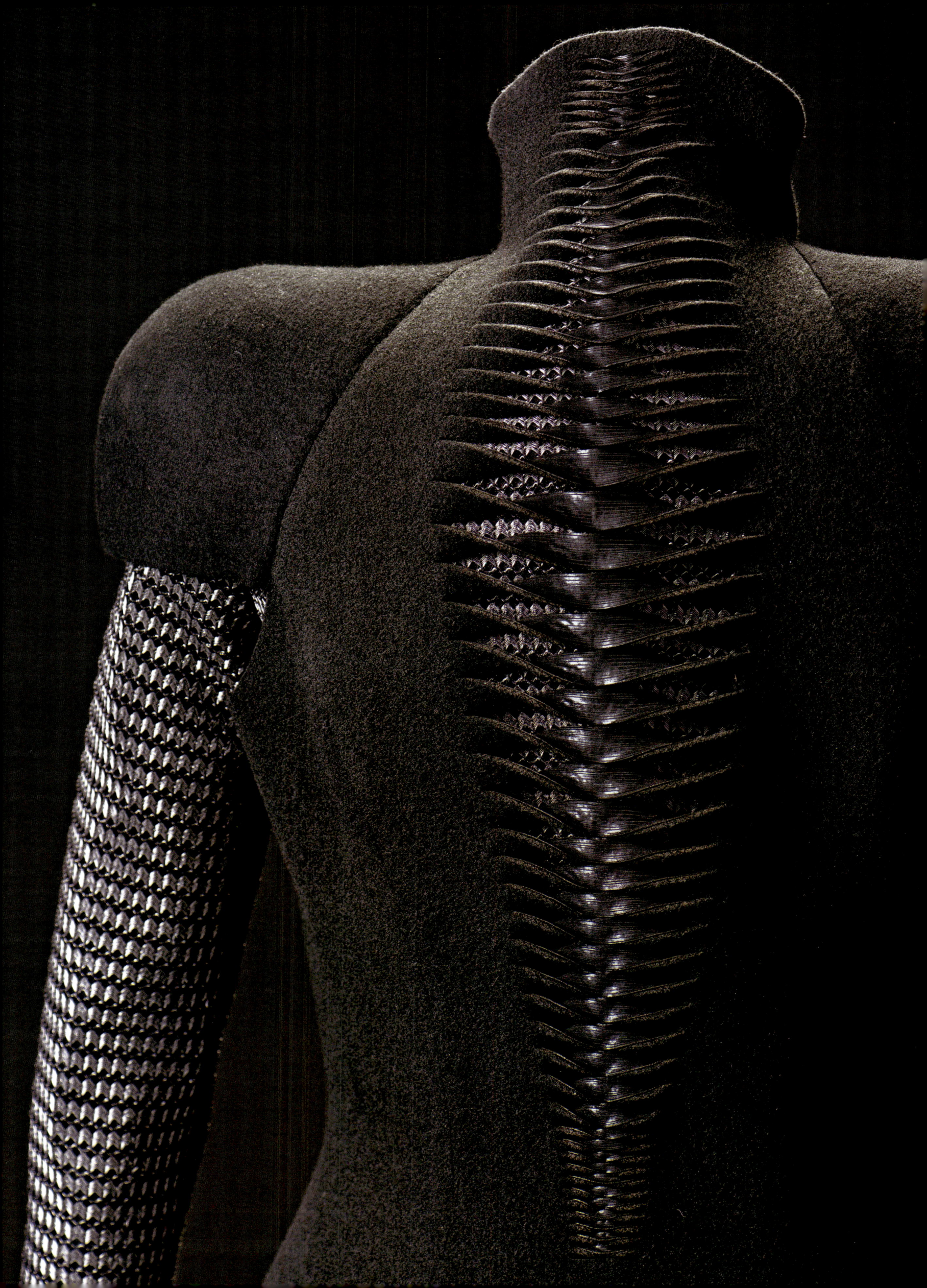

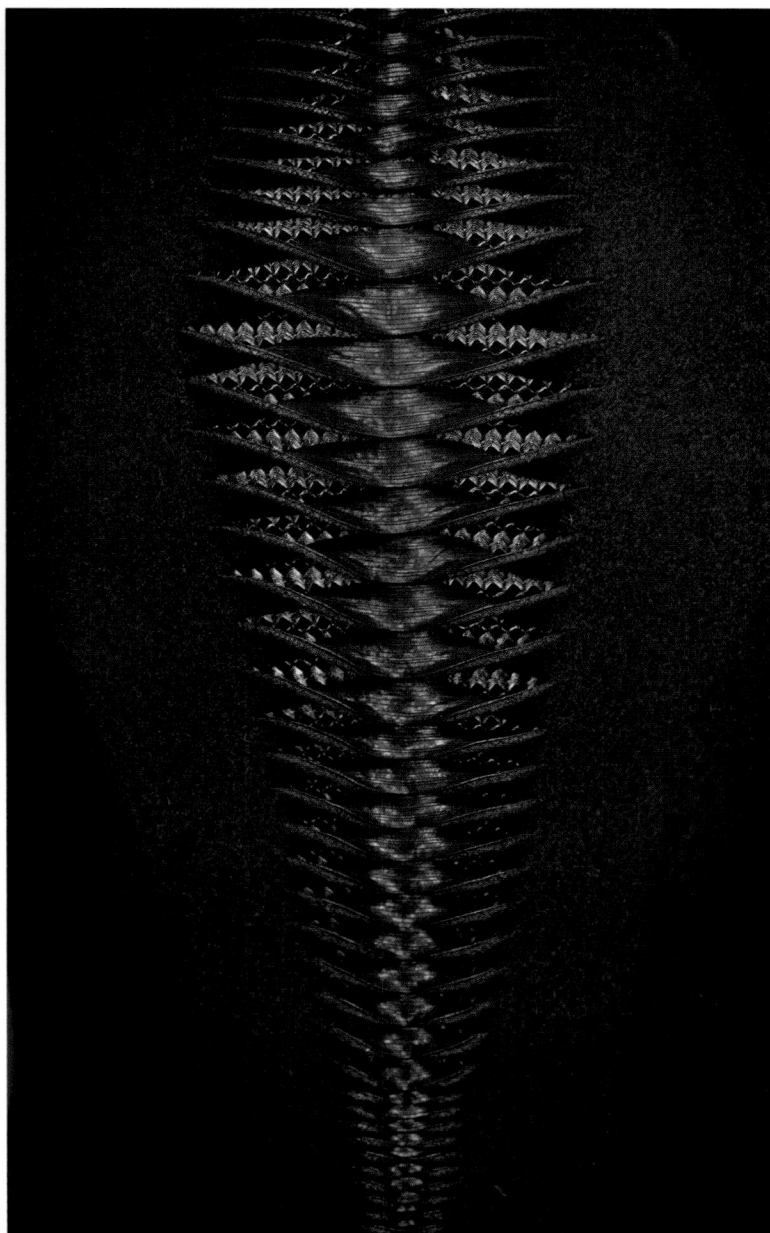

左图　细节展示，锁子甲长袖长裙外搭黑色外套。
对页图及右图　在外套背部，毛毡被划开，内有漆皮，
让人们感觉能直接看进瑟曦的胸腔。

瑟曦·兰尼斯特

在本剧的最后一季，瑟曦逐渐褪去了她阴冷的黑色服装。怀孕后，她再度感受到了希望。她最终季的主要服装是件渐变色长袍，由鲜红逐渐变过渡黑色——家族的颜色变为主导。长袍在背部系紧，上腹部有几十个铆钉环绕，像是盔甲，保护着她未出生的孩子。她还戴着传统的兰尼斯特狮吊坠，坠链十分长，垂靠于她的腹部，这也象征着一种保护。

为瑟曦设计服装是一件趣事。她是如此有魅力的一个角色——本剧开始时她为周围环境所束缚，但在个人付出了沉痛的代价后，她终于实现了自己的目标。她是个反派，但也是个受害者。在被苦难与复仇啃食之后生存了下来，最终迎来了冰冷的终局——与詹姆一同被压死在红堡地下室中。

中左图　瑟曦坐在铁王座上，穿着她第八季常穿的黑金礼服。
下左图　这件黑金礼服装饰有金属肩章。
右图　铆钉环绕在礼服上腹部，象征着对她未出生孩子的保护。
对页图　这套服装的正面与瑟曦会见丹妮莉丝穿的外套背面有相似之处。

上图　米歇尔·克莱普顿为瑟曦第八季的服装所绘草图。
对页图　瑟曦的红黑渐变色礼服。

左图　瑟曦在第八季穿的服装是全红的，她完全从黑色变回了兰尼斯特红。

上右图　在知道自己怀孕了之后，瑟曦的衣物里重新出现了红色。较明亮的色彩意为表现出她再度感受到了希望。

下右图　金属装饰物的细节展示，包括肩章以及铆钉，在深红色长裙上尤为突出。

对页图　礼服的后视图，展示了沿脊柱而下的系带，高领背面的铆钉以及从肩章处悬挂而下的铁链。

詹姆·兰尼斯特

刚出场时，詹姆·兰尼斯特（尼克拉·科斯特—瓦尔道饰）是个骄傲自大、冷酷无情的人，也是维斯特洛最优秀的剑士之一，他深爱着自己的双胞胎姐姐瑟曦，多年与其保持着不正当关系。劳勃·拜拉席恩起义时詹姆是一名御林铁卫，利用自己的身份杀死了他宣誓保护的君王——杀人成性的"疯王"伊里斯·坦格利安二世，尽管自此以后被蔑称为"弑君者"，詹姆仍然通过他的着装以及穿衣方式散发着自信。慢慢地，他将学会谦卑，但过程会很痛苦。

詹姆的御林铁卫制服是我设计的第一批服装，我想要将世界上不同制式的盔甲整合到一套完整的套装上去。最终我确定的服装融合了传统日本武士盔甲以及中世纪欧洲风格。在乔治·R.R.马丁的笔下，御林铁卫身着白色服装，因此我为他们的盔甲加上了白色披风。我不会选用白色盔甲，那看起来太过奇幻了，与大卫和丹所要的实用美学不符。

詹姆的盔甲必须要十分实用，易于穿戴，而这对于负责保卫国王生命的御林铁卫来说十分重要。最开始，我们以塑料打造盔甲，在重点处加珐琅质。但之后我们又铸了一版金属盔甲。塑料版用于武斗场面，因为它在拍摄打斗场景时更安全。塑料相对来说也更轻，因此比金属盔甲更灵活些。我还为詹姆以及其他御林铁卫成员设计了件帅气的淡黄色皮革外套，用于穿在盔甲下。

上图　詹姆·兰尼斯特与巴利斯坦·赛尔弥爵士（伊恩·麦克尔希尼饰）。詹姆穿着他的初版御林铁卫制服。
对页图　米歇尔·克莱普顿早期为御林铁卫制服所画的草图，士兵身披白色斗篷，整件服装有强烈的日本风格。

詹姆·兰尼斯特

　　劳勃国王死后，七国纷乱四起，詹姆在战争中被史塔克家族擒获。在这几幕中，詹姆穿的兰尼斯特盔甲由红色皮革和金属片制成，肩膀处有明显的狮子图样以彰显他的家族。尽管他军衔很高，战术高超，但盔甲并不花哨——相反，詹姆看起来更像一个冲锋陷阵的士兵。

　　最终，凯特琳·史塔克释放了詹姆，凯特琳以为自己的两个女儿被扣留在首都，希望用这位兰尼斯特家最受宠的儿子交换。她请求塔斯的布蕾妮护送詹姆回到君临城，这趟旅途中，詹姆不希望被人认出兰尼斯特身份。因此我以深大地色装饰他，使他混入普通民众。我为他设计了一件不对称饰边大衣，皮腰带的系法也是不对称的。穿着这件大衣也能方便行动。

中左图　詹姆的皮质旅行大衣衣领细节图。
下左图　扣环由三个互相交错的圆环组成，中央圆环刻有兰尼斯特狮的狮脸。
右图　在大衣下，詹姆穿着一条破旧的红色长裤以及抽绳衬衫。
对页图　詹姆·兰尼斯特（尼克拉·科斯特—瓦尔道饰）被史塔克家俘虏，被剥去了平日精美的衣物。

176

　　尽管乔装打扮，二人还是被佣兵抓获了。詹姆阻止佣兵伤害布蕾妮，被砍去一只手。待他回到君临，已然是个残疾人。断手之痛使得詹姆失去了自信与神气。因瑟曦厌恶其残缺的外表，他受到了更深的伤害。瑟曦将这视为某种内在脆弱的外在表现，因此她命人为詹姆打造了一只新手，把他的伤隐藏起来。我用黄铜打造这只手，黄铜是暖色的，表明了尽管瑟曦厌恶他残疾的肢体，但她仍然爱詹姆。我们为瑟曦打造了许多黄铜腰带，因此在视觉上，这也是与瑟曦有关的。在设计义肢的时候，我并不希望它看起来是一只在雕琢上突显传统男性特质、武装的手，我想，瑟曦会想给他一样美丽的东西。我希望它看起来像是要拥抱一样。但同时，我希望它也能握住刀剑。

　　我们花费了数周敲定具体手势。它要看起来像一只自然放松的手，但这简直太难了。我们不断努力，通过大量实验终于确定了最终设计方案。我们为了找到适合的姿势，给我的手拍了无数张照片。在制出所有人都满意的手形之前，废掉了许多石膏样手。最终确定好后，我们给尼科拉的手做了铸模。盔甲制造部门依据这个铸模制作了一个铁复制品，并在复制品的表面敲上黄铜，黄铜上刻有精美的波斯风蚀刻。但完工时我意识到有些不对劲：没有指甲。然后我将黄铜指甲置于指尖末端，整件作品一下子完整了。

这件黄铜手被环绕的皮带固定住。这个设计必须让詹姆自己方便穿戴，这样才能使得他重获自理能力和骄傲，这一点很重要。在詹姆必须戴上黄铜手的几幕戏里，尼科拉要把自己的手放进去，为此我们在手腕处留了一个小开口。但黄铜总是不舒服的，我们还另造了几个稍微大些的塑料假手作为替代品。

詹姆不得不学着左手使剑，他私底下与雇佣兵波隆训练。但仍然保留在御林铁卫的职务。他身着金色盔甲出席乔佛里的婚礼，却意外目睹了自己长子的死亡。詹姆的这一阶段，我选择重新设计一版与第一季不同的御林铁卫盔甲，因为我希望盔甲的细节能与故事更贴合。新版盔甲为暗金色，通过增加颈圈与兜帽改进了比例。将头盔上的鳍状物设计得更有趣，还更新了胸甲和肩甲上的王冠形状，这些细节使盔甲与御林铁卫联系更密切，也更为精美。王冠的设计吸收了拜拉席恩家族的雄鹿家徽。盔甲由金属而非塑料制成，这使盔甲看起来更重、更有分量。

对页上图　詹姆·兰尼斯特（尼克拉·科斯特—瓦尔道饰）戴着他新做的黄铜手。
对页下图　我们为假手装上了指甲，这使得假手看起来更逼真。
右图　黄铜手使用的暖色调金属，与詹姆的新版御林铁卫制服更匹配。

左图 和初版御林铁卫制服一样，新版制服的盔甲下也有一件淡黄色皮革大衣。

上右图 初版和新版制服都有白色长斗篷。

中右图 盔甲的护肩甲部分有拜拉席恩雄鹿鹿角。

对页图 詹姆·兰尼斯特（尼克拉·科斯特—瓦尔道饰）身着全套御林铁卫制服。

第182-183页 （左）胸甲部分也突出了拜拉席恩家族的雄鹿鹿角；（右）盔甲的下摆和上臂部分由树叶状的皮革片堆叠而成。

詹姆·兰尼斯特

自从与多恩王子订亲后，弥赛菈就住在这个南方王国。由于担心弥赛菈受到伤害，瑟曦派詹姆前往多恩接回他们的女儿。詹姆在这个王国期间的着装有浓烈的多恩特色。他穿着一件暖橘色大衣，衣服上有许多精巧的金属纽扣装饰。这件衣服的内衬布料采用了对比色——绿色，移动的时候大衣微微敞开，能看见内衬。

对页上左图　詹姆在多恩期间的着装，其内衬布料是亮绿色和金色。
对页上右图　詹姆在多恩穿的长袍，后视图。
对页下左图　长袍呈橘黄色，为多恩特有。
对页下右图　中式衣领和一排小巧的圆形纽扣。
左图　长袍的全身图。
右图　詹姆·兰尼斯特（尼克拉·科斯特—瓦尔道饰）在多恩。

弥赛菈不情愿地和詹姆乘船返回君临，但她早已被下毒，途中毒发身亡。弥赛菈的死让詹姆悲痛欲绝，但他没有多少时间悲痛，他即将面临另一个打击——托曼自杀身亡。尽管意识到瑟曦对托曼的死负有责任，但詹姆断绝不了他与瑟曦、与家族之间强大的纽带。没多久他就被召去领导一场围攻奔流城的战役，旨在从徒利家族手中夺回这座城堡。我们又一次看见他穿上肩膀处有雄狮的红金色兰尼斯特盔甲，但是这次他的盔甲更是精心制作——他现在是军队的领袖，这一位置之前是他的父亲泰温担任。所以，现在需要人们一眼就能看出他的地位。

左图　詹姆·兰尼斯特（尼克拉·科斯特—瓦尔道饰）身穿他的兰尼斯特盔甲，这件盔甲主要由皮革和金属甲制成。
对页及下右图　盔甲上的精美细节表明詹姆现在地位很高。
上右图　肩膀处有一只金色的兰尼斯特狮。

由于瑟曦背弃了对丹妮莉丝的许诺，拒绝一同抗击夜王，詹姆最终逃离了兰尼斯特家族。他被荣誉所感召，前往临冬城加入前线作战。在旅途中，他穿着一件褐色皮质紧身上衣，这能一定程度上保护他，又不像盔甲那样招摇。尽管设计这件服装是为了隐藏他的身份，我仍然希望他身上有一些兰尼斯特元素。因此，我所选的皮革有些偏深血红色。他还身披一件不对称的粗麻布黑色长袍，用皮质扣子系在肩膀处。长袍的织物比较厚重，用料也很多，因此能裹住身体保暖。我希望这件长袍和传统的北境风格不同，因此搭扣在肩膀处。针线和制造工艺暗示着这件长袍制作优良，但很明显，史塔克家族的人不会穿这样的衣物。

右图　当詹姆离开君临前往临冬城时，他穿着一件不对称黑褐色皮质斗篷。
对页左图　后视图，展示了紧身上衣的拉紧绳线以及斗篷的搭扣。
对页上右图　詹姆·兰尼斯特（尼克拉·科斯特—瓦尔道饰）在临冬城。
对页下右图　这件斗篷由皮质搭扣系住。

　　出现在临冬城的詹姆与我们初次见到的样子截然不同，他不再是那个傲慢的骑士了。那只浮华的金狮消失了，取而代之的是一个谦逊的男人，他愿意为了一件远比自己的生命更重要的事慷慨赴死。但在临冬城之战后，由于瑟曦对詹姆的影响力实在太过强大，他选择回到君临，在那里，他的姐姐将与丹妮莉丝展开最终决战。尽管他不顾一切地想要挽救瑟曦的生命，却没有成功，最终死在了瑟曦身旁。

对页上左图　詹姆·兰尼斯特（尼克拉·科斯特—瓦尔道饰）为临冬城之战做准备。

对页下左图　为了临冬城之战，詹姆用盔甲改良了他的旅行套装，加上了金属肩甲和颈甲。

对页右图　詹姆临冬城之战造型前视图。

右图　压印凸纹腰带、剑及剑鞘。

提利昂·兰尼斯特

当兰尼斯特家最小的弟弟初登场时，他是个在妓院里消磨时光的浪子，顽固不化。但是他也被赋予了卓越的才智以及人格魅力，帮助他在这个危险的世界生存下来。尽管他拥有这些优点，提利昂·兰尼斯特（彼得·丁拉基饰）还是被他的父亲和姐姐所轻视，他们认为提利昂让高贵的兰尼斯特家族蒙羞。身为兰尼斯特家族的一员，提利昂有能力购买制作精良的衣物，因此他的服装都选用精良的材料。红色是他衣物的主色调，但随着时间推进，他效忠的对象转变了。在一场不可思议的背叛行动后，他不再使用家族象征色。他向新的家族效忠，侍奉前来征服的女王。

《权力的游戏》第一集，我们在临冬城见到了提利昂。当时王室一家，包括王后的家属去北境拜访史塔克家族。故事开始时提利昂就有标志性的造型——在之后的剧集中，这一基础形象很大程度上被保留了下来：一件绯红色皮质高领紧身上衣，胸前有金色花纹。下摆有棉衬芯，黑色长裤以及靴子。他穿着家族的颜色，但衣物也要抵御寒冷，因此我希望服装能实用些。我们找出了彼得穿着正合适的下摆长度，我和他经常就提利昂的穿着进行有趣的讨论。彼得在美术上很有研究。我们一起为这套服装补上了一条精美的腰带，以示他实际上是个十分有教养的人。从他的衣着不难看出，他根本就不是一个战士。

但是，当他的父亲与史塔克家族作战时，提利昂还是要被拉上战场。在绿叉河之战中，泰温强迫他的小儿子上阵，完全不在意他可能会被杀死。提利昂（彼得·丁拉基饰）是兰尼斯特人，因此他要穿上一套由红色皮革和金属片制成的盔甲，这是家族的风格。但是我希望提利昂与他的哥哥詹姆有所区别。詹姆的盔甲是纯手工精工细作的作品，保护他从激烈的战场中生还。但提利昂的盔甲看起来有些粗制滥造，好像想到什么就往上加一样。在战场上，他格格不入，几乎无人保护，看起来就是兰尼斯特家最不受宠的孩子。

上图　提利昂·兰尼斯特（彼得·丁拉基饰）穿着红黑色皮衣抵挡进攻，这件衣服他在第一季常穿。

下图　在绿叉河之战中，提利昂·兰尼斯特（彼得·丁拉基饰）穿着临时拼凑的盔甲。

对页图　提利昂·兰尼斯特（彼得·丁拉基饰）被囚禁在鹰巢城，身上是他在临冬城时的装扮。

兰尼斯特赢得了这场战斗，不过提利昂在战前被自己的士兵敲晕，完全错过了这场战役。

提利昂·兰尼斯特

　　甚至连泰温都意识到，提利昂虽然有许多缺点，但他绝不懦弱。提利昂能敏锐地评估出史塔克家族造成的威胁，也有非凡的政治才能，泰温对此印象颇深，因此他给提利昂一个机会证明自己不愧对自己兰尼斯特的身份——辅佐乔佛里，出任国王之手。这是维斯特洛大陆一人之下，万人之上的位置。

　　我为他设计了一件黑色皮革紧身上衣，衣服上有精美的镂空花纹，以便露出内部兰尼斯特独

有的深红色。在维斯特洛，只有拥有巨额财富的人才有能力订制这样高档的服装。我为提利昂着装选用的材料质量都极好，很多都是家具的软包材料。这些材料结构丰富，质感十足。但我一般露出这些材料不常用的那一面，这样会使成品更为独特，展示出提利昂独一无二的人物性格。相比其他兰尼斯特族人，他衣物的色彩更深——这是因为他对这个世界的感受与他的父亲或哥哥姐姐相当不同，他衣物上总会有点黑色。

左图　提利昂担任国王之手，他精美的衣料以及精细的金属衣扣都折射出提利昂的生活品位。
中右图　该服装后视图。
对页图以及下右图　提利昂·兰尼斯特（彼得·丁拉基饰）担任国王之手，他的造型在本剧中改变很少。

提利昂·兰尼斯特

　　提利昂这一时期戴着一枚国王之手胸针，这是担任国王之手这一职务的人所佩戴的珠宝。这也是我为本剧设计的第一件珠宝——艾德·史塔克担任劳勃国王的国王之手期间也穿戴过，他是第一个戴上这个胸针的人。这枚胸针由黏土雕刻，黄铜制成。胸针的图案是一只手穿过圆内，手指向下轻微伸长，圆圈下方是一剑状突起。我还为其设计了手掌形的链节组成的一条项链。

　　担任乔佛里的国王之手是项吃力不讨好的工作——这位年轻的君王任性妄为，还有些疯狂，不过提利昂表现得很好。但他还是被自己的家族所陷害：被迫与珊莎成婚，还被控谋杀乔佛里，甚至发现自己最爱的女人与父亲有染。他崩溃了，在盛怒之下杀死自己的父亲并逃离首都，永远告别自己兰尼斯特的身份。提利昂再也没穿过红色和金色或佩戴家徽。一是害怕被瑟曦抓获并处死，二是因为他要与过去的自己说再见。

　　提利昂在东部自由贸易城邦游历时，我觉得他的服装应该要反映出他所处的新环境以及当地文化。我为他设计了一件浅小麦色亚麻长袖衬衫。同时，受提利昂在潘托斯的经历启发，我为他设计了一件不同风格的上衣，背后松散，正面扣紧。我觉得他看起来不需要很帅气，因此他的着装都以实用为主，他只穿戴对自己有用的。他的头发和胡子也越来越长。虽然看起来比较邋遢，但这既是一种伪装，也是对干净整洁的兰尼斯特着装的一种反抗。

对页左图　这件皮质紧身上衣的花纹是用激光切割机刻出来的。

上左图　国王之手胸针由黄铜铸成。

下左图　逃离潘托斯之后，提利昂·兰尼斯特（彼得·丁拉基饰）换了一身新装。

197

对页图　在厄斯索斯期间，提利昂·兰尼斯特（彼得·丁拉基饰）的着装颜色更为明亮，与东方大陆的风格一致。

上左图、上右图及下右图　尽管在厄斯索斯期间提利昂服装颜色有所改变，但他的基本外观形象没有变化，早期的配饰也没有变。

下左图　厄斯索斯紧身上衣后视图。

提利昂·兰尼斯特

在东部城市弥林，提利昂遇见了丹妮莉丝·坦格利安，并承诺就维斯特洛局势向她进言。最终丹妮莉丝命提利昂为她的女王之手。在这一时期，提利昂开始穿着黑色和蓝色，以表示对丹妮莉丝效忠，也没有在君临时期那么华美了。他最气派的一件是我为他设计的蓝黑条纹紧身上衣，背部有显眼的 V 形花纹。这样的穿着很明显在表示，他与他的家族再没有任何联系。为了与丹妮莉丝的珠宝相称，他这次佩戴的女王之手胸章是由银铸造而成。

对页图　当提利昂·兰尼斯特（彼得·丁拉基饰）开始效忠丹妮莉丝·坦格利安（艾米莉亚·克拉克饰）的时候，他穿着一件黑色皮革紧身上衣，衣服上的细小花纹看起来像是龙鳞。

上左图及右图　提利昂穿着黑色长裤和沙黄色长袖衬衫，搭配这件紧身上衣。

下左图　提利昂担任女王之手期间佩戴的胸针是银质的。

左图　这件蓝黑条纹紧身上衣有明显的 V 形花纹，这件衣服也是一种拒绝，他不再与兰尼斯特家族有任何关系。
上右图　蓝黑条纹紧身上衣的后视图。
下右图　蓝黑色紧身上衣上别了一枚银质国王之手胸章。
对页图　提利昂身着该服装。

在最后一季中，提利昂的着装仍然偏深色，他穿着纹理丰富的织物和皮革。我为他设计一件肩膀突出的深蓝色紧身上衣，配上长袖黑衬衫和黑裤子。紧身上衣的图案是为了让人联想到龙鳞，以反映他对丹妮莉丝的忠诚。我为他在临冬城与夜王作战设计了一套着装：一件黑色棉衬皮衣和一条黑色皮带。这有点像丧服，暗示他身边正在上演许多悲剧与骚乱。

尽管提利昂的基本外观和本剧最开始的样子并没有太大改变，但他看上去好像又变了。目睹丹妮莉丝火烧君临之后，他改变了许多——他觉得自己对此难辞其咎，这也变成了他精神上的桎梏。但最后，尽管提利昂犯了错，国王残王布兰认识到提利昂的价值，任其为国王之手。当我们最后一次见到提利昂时，他列席布兰的御前会议，却仍然为首都哀悼，同时也为自己的家人和朋友哀悼。我希望设计一件肃穆的衣服来表明他到底失去了多少。因此，我用黑色装扮他全身，但还保留了一些提利昂惯穿衣物的特征，比如精心缝上的金属纽扣以及美丽而有质感的衣料。他看起来变得比以前更谦逊了。

对页图　在本剧最终章，提利昂·兰尼斯特（彼得·丁拉基饰）所穿的全黑套装使得这个角色看起来更严肃。
上左图　第八季提利昂·兰尼斯特（彼得·丁拉基饰）所穿的蓝黑色服装，扣着一个女王之手胸针。
下左图　在海战时提利昂·兰尼斯特（彼得·丁拉基饰）穿着他的蓝黑色套装。
上右图及下右图　在本剧的最后，提利昂作为国王之手坐在御前会议上，一身黑色更显庄严。

泰温·兰尼斯特

泰温·兰尼斯特（查尔斯·丹斯饰）是高傲的兰尼斯特家族大家长。他把传统与权力看得无比重要，他的身份认同中，兰尼斯特家族这一富裕家族的族长也很关键。他的服装就强调了他的地位。他常穿兰尼斯特的红与金色，举手投足间有种沉着的风姿。他永远不会承认自己已然位高权重，但事实确实如此。

我为泰温设计了带有高中式领的长款大衣，深红色面料质地精美，并配有精致的扣环，他在君临等地处理公务时就会穿这些衣服。在战斗场面中，我希望泰温的盔甲能像他儿子詹姆所穿的一样，用精美的皮革和金属制作而成，肩头也要有兰尼斯特家的狮子。泰温常常会在盔甲外披一件漂亮的红色披风，挂在肩膀上，这纯粹是装饰，但再次表明他的崇高地位和巨大财富。

上左图　泰温·兰尼斯特（查尔斯·丹斯饰）身着华丽的兰尼斯特盔甲准备骑马上战场。
下左图　在主持事宜的时候，泰温（丹斯饰）穿着皮革套装。
右图　这套皮革套装的全图，包括一件长袖定制大衣以及红色皮腰带。
对页图　泰温·兰尼斯特的盔甲上披着一件张扬的红色斗篷，这使得他看起来既是个贵族，又是个功勋卓越的勇士。

上左图　泰温出席乔佛里和玛格丽的婚礼时所穿的绯红大衣，皮腰带上有兰尼斯特雄狮。
中左图　腰带上雕刻的长方形金片细节图。
下左图　泰温担任乔佛里的国王之手期间所戴的胸针。
右图　泰温绯红大衣上精美的金属环扣。
对页图　泰温（查尔斯·丹斯饰）身着兰尼斯特家族标志性的颜色，红色和金色。

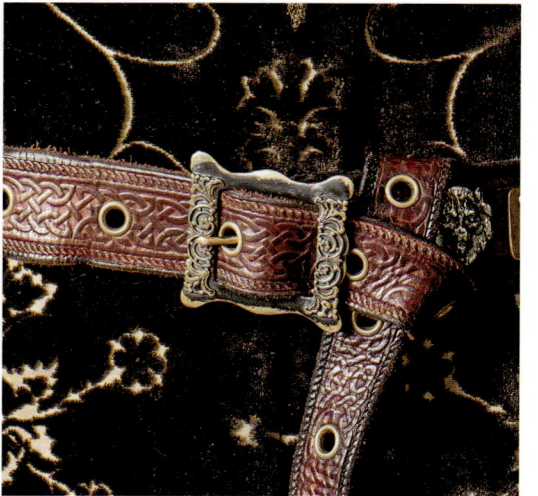

提利昂在忍受了一辈子父亲的欺侮后，终于杀死了泰温，泰温的财富与权力这时候并不能挽救他的性命。但即使死去，泰温也是个骄傲的兰尼斯特——穿着最精美的衣服，装饰繁多。他的入殓袍用金色衬底的压花丝绒制成，这是我们在剧中用过的服装中最昂贵的面料之一。它有一种光泽感；黑色天鹅绒袍带棕色调，袍子上还有刺绣细节。瑟曦会为他的葬礼不惜一切费用，所以我希望他身着最奢华、最优雅的长袍。这也是他女儿希望人们记住他的方式——将他视为狮群中最凶猛的雄狮。

对页左图 泰温的入殓袍由奢华的厚天鹅绒制成，布料上有金线刺绣。
对页上右图 泰温下葬时戴着从他的兰尼斯特盔甲上取下的蚀刻黄铜护手。
对页中右图 蚀刻黄铜护手细节图。
对页下右图 泰温的腰带细节图，腰带上有金属扣。
上图 瑟曦（琳娜·海蒂饰）和身着御林铁卫制服的詹姆在一起，悼念父亲泰温（查尔斯·丹斯饰）。
中图 泰温的入殓服刺绣，有一只兰尼斯特雄狮图样。
下图 泰温（查尔斯·丹斯饰）穿着入殓服躺在台上，瑟曦（琳娜·海蒂饰）亲吻她死去的父亲。

兰尼斯特家族
乔佛里·拜拉席恩

乔佛里·拜拉席恩是瑟曦和詹姆最大的孩子，他从小到大一直认为自己是劳勃国王的儿子，是铁王座的继承人。但他远非一个合格的领导者。乔佛里（杰克·格里森饰）软弱、残忍、有暴力倾向。他有和瑟曦一样的邪恶本性，但没有受到瑟曦小时候所受的限制。乔佛里真是一个让人厌恶的角色。

我喜欢为乔佛里设计一些能暗示他邪恶本质的衣服。通过他的母亲瑟曦，乔佛里能够使用兰尼斯特家族的财富，因此我希望他能穿戴上各种富贵的装饰物，没有半分掩饰或者收敛的意味。我们在皇室家族拜访临冬城时第一次见到乔佛里。那时他身穿一件中款宽肩红色大衣。我觉得要通过加宽他的肩膀传达出他自视甚高的脾气，他觉得自己不怒自威，但实际上并非这样。

皇室家族重回君临后没多久劳勃国王去世，乔佛里继位，之后他变得更加张扬、浮夸。穿着丝绸和织锦天鹅绒制成的大衣，袖管悬垂，臀部镶有精美刺绣，搭配皮裤。我为他设计了别无他用的双重腰带，只是为了增加一种赘余感。他身上所有部位都有华丽的装饰。金色是他的主色调，这不仅是兰尼斯特家族的代表色之一，也象征着拜拉席恩家族。

对页图　在第一季中，乔佛里（杰克·格里森饰）身披配有悬垂袖的淡褐色刺绣斗篷，摆出一副嚣张的姿态。
左图　在乔佛里另一件更为花哨的衣服上，臀部饰条上有兰尼斯特狮刺绣。
右图　乔佛里（格里森饰）和瑟曦（琳娜·海蒂饰），两人服装相似，都有大片的兰尼斯特红色和金色。

213

左图　演员杰克·格里森以一种特殊角度戴着乔佛里的鹿角王冠以表现出这个角色的傲慢。
上右图　乔佛里的王冠细节图。
右中　乔佛里的红金色织锦天鹅绒大衣上腹部细节图，展示了红色皮革腰带、剑及剑鞘。
下右图　双腰带环绕乔佛里的腰部打了两个结，腰带上有许多金色小点缀。
对页图　为了让这件服装看起来尽可能地张扬，我们选用了许多夸张花哨的金色花纹。

黑水河之战中，史坦尼斯·拜拉席恩（斯蒂芬·迪兰饰）的军队攻击君临城，此时的乔佛里身披一件华丽的盔甲，与他的外祖父所穿的那件有些相似，但乔佛里的盔甲装饰得更为夸张。这件皮革和金属制成的盔甲在胸甲处有跃狮浮纹，肩甲处也有明显的兰尼斯特狮花纹。这件盔甲的所有细节都力求花哨。乔佛里也和外祖父一样挂着一件不对称披风。穿上这件极其昂贵、色彩鲜艳的战衣就好像胜券在握一般，浑身透露着无所畏惧的气息。我觉得乔佛里穿上这件盔甲后可能更觉得自己气度不凡。他有着用钱能买到的最精贵的盔甲，但是当战争开始时，他却临阵脱逃——他和母亲瑟曦去安全的地方躲了起来，而不是与士兵并肩作战。

左图　乔佛里的盔甲，胸甲和颈甲处都有跳跃的兰尼斯特雄狮图样。
中右图　盔甲后视图。
下右图　肩甲上的兰尼斯特雄狮的脸。
对页图　乔佛里（杰克·格里森饰）的盔甲是有意设计成如此浮夸的。

乔佛里的王冠不大，但由于是用黄铜制成的，所以比较重。我们随后不得不在其内部添上些天鹅绒，以便佩戴时舒服些。之所以使用金属，是因为希望它看上去有真实感。如果是塑料制品，戴起来或手持时就没有分量。饰演乔佛里的演员佩戴王冠时将其稍微前倾，还斜着摆，我很喜欢他这样。这能体现出乔佛里的很多性格，比如傲慢。

我认为乔佛里最引人注目的装束是他和玛格丽·提利尔结婚时穿的婚礼礼服。这是奢华的象征，用拜拉席恩家族标志性的金色而不是兰尼斯特家族的红色和金色来表现——他显然仍然相信自己是拜拉席恩家族的一员——尽管他也在披风上戴了一个小狮子衣扣。这件外套是由极其昂贵的黑底短天鹅绒金色锦缎制成的。我还设计了一顶新王冠，王冠造型是拜拉席恩家族的鹿角和提利尔家族的玫瑰交织在一起。我想让玫瑰看起来像一个入侵物种，即将绞杀它寄生的主人。这顶王冠很重，因为和原来的王冠一样，这也是用黄铜铸成的，但戴的时间很短，因为乔佛里死得太快了。

上左图　在乔佛里（杰克·格里森饰）和玛格丽的婚礼上，他穿着一件有金属质感的金色锦缎大衣。
中左图　两只黄铜造兰尼斯特狮将乔佛里的披风扣在肩膀处。　下左图　乔佛里婚礼礼服的衣扣。　右图　婚礼礼服的后视图。
对页图　乔佛里的结婚礼服是由花纹繁多的金色织物制成的，其间点缀着淡紫色的丝线；他的黄铜皇冠上有拜拉席恩家族的鹿角和玫瑰。

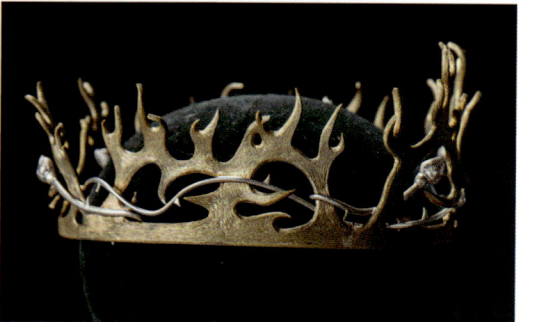

左图　新婚的乔佛里（杰克·格里森饰）戴着王冠，王冠上有拜拉席恩和提利尔家族的元素。
上右图　天鹅绒披风细节图。
中右图　王冠细节图。
下右图　从另一个角度看王冠。
对页图　乔佛里婚礼礼服正视图。

弥赛菈·拜拉席恩

尽管弥赛菈出生于君临，但瑟曦这个女儿命运多舛，九岁就被送去多恩，给多恩王子崔斯丹·马泰尔（托比·塞巴斯蒂安饰）作未婚妻，也因此在那里度过了她的童年末期和青少年早期。由于将来必定嫁入多恩王室，弥赛菈（艾米·理查森及尼尔·泰格·弗莉饰）的穿衣风格也是多恩人喜欢的，裸露着大片皮肤。

我想让这些多恩风格的裙子与环境融为一体，所以我为弥赛菈设计了一件斜切的吊带礼服，用半透明的丝绸制成。斜裁是一种用于裁剪布料的技术，可以使织物更悬垂，突出身体的线条和曲线。我想要这件服装贴合尼尔的身体，但我们添加了些必要的刺绣照顾到她的羞怯，毕竟她还是个小女孩。我还为她设计了一件粉红色的透明硬纱裙，有一种童话般的感觉。它未加修饰的领口上装饰着珠子和刺绣，好似花朵和蝴蝶。她在礼服里面穿了一件绣花胸罩。整个造型非常柔和飘逸，但她在穿这件衣服时戴着一个兰尼斯特家的狮子吊坠，这表明她对家族的忠诚以及对母亲的爱。

上左图　弥赛菈·拜拉席恩（尼尔·泰格·弗莉饰）和她的未婚夫崔斯丹·马泰尔（托比·塞巴斯蒂安饰）。
下左图　弥赛菈的斜切长裙上的刺绣细节。　　下右图　后视图，可以看见这件服装露背开衩开得很低。
对页图　这件多恩风格的斜切长裙是由半透明橘色丝绸制成的。

弥赛菈·拜拉席恩

上方　米歇尔·克莱普顿为弥赛菈的服装所绘草图。

对页左图　长裙正视图。

对页上右图　这件长裙在上腹部有刺绣，内搭一件精美的粉色文胸。

对页下右图　弥赛菈·拜拉席恩（尼尔·泰格·弗莉饰）穿着她的多恩式长裙。

对页图 弥赛菈的粉色仙女裙，裙上有绣有花朵和蝴蝶。

上方 这件深开衩硬纱长裙内搭一件绣花文胸。

弥赛菈的服装设计主要是表现出她的天真无邪，与她家族里其他人不同，弥赛菈本质上就是一个甜美可人的小女孩。弥赛菈在她短暂的人生中十分快乐。可悲的是，黑暗的政治闯入她的生活，奥柏伦·马泰尔的情妇艾拉莉亚·沙德杀害了弥赛菈，仅仅是为了向瑟曦复仇。

上左图　粉色硬纱长裙的细节图，能看到衣服上的刺绣和其内的绣花文胸以及弥赛菈的兰尼斯特狮吊坠。
下左图　弥赛菈·拜拉席恩（尼尔·泰格·弗莉饰）的服装设计主要是强调她的纯洁。
上右图　粉色硬纱长裙的后视图。
中右图　刺绣细节展示。
对页图　粉色硬纱长裙的腰线上绣满了花朵。

托曼·拜拉席恩

托曼（迪恩—查理斯·查普曼，卡勒姆·瓦利饰）是瑟曦和詹姆最年幼的儿子，当然，和他的哥哥、姐姐一样，他也被冠以拜拉席恩的姓氏。他比哥哥乔佛里更会照顾人，情绪也更稳定。尽管自己还是个小男孩，他却想当一位公正、优秀的国王。我希望通过他的加冕礼服传达出他庄严的责任感，礼服采用金色锦缎制成，但看起来较为柔和，花纹也不显眼。我觉得这是一个正确的选择，因为他与乔佛里不同，是一个安静的孩子。

我把服装的剪裁做得很简单，只添加了一堆精美的扣环和一个全身斗篷，这样看起来稍显富贵。要登上王位了，所以服装要华丽一些。这个可爱的男孩正走向他的悲惨结局，这件庄严的服装正是为此而制。

上左图　新登基的托曼·拜拉席恩（迪恩—查理斯·查普曼饰）
下左图　托曼加冕礼服上华丽的装饰扣细节图。
下右图　细节图展示出黑色压花皮带和黄铜腰带扣。
对页图　托曼的加冕礼服由金色锦缎制成，上面的花纹较为隐蔽，意在传达一种庄重感。

波隆

这个和蔼可亲的雇佣兵出身卑微，渴望财富与地位，他大部分时间都受雇于兰尼斯特家族。在本剧开始没多久，波隆（杰罗姆·弗林饰）与提利昂相识，并形成了某种互惠互利的友谊——提利昂有了贴身侍卫，波隆则获得了大量金钱。我一开始为波隆设计的服装是棕色皮革紧身上衣搭配长裤，上衣皮革用油浸泡过。这样做是为了让这套衣服看起来更旧一些。因为身为一名雇佣兵，波隆不可能有太多的衣物。这套衣服就像他的第二层肌肤一般。尽管一点也不好看，但却是最实用的。穿上它，波隆能快速行动，能跑步，能骑马，还能战斗。这真是他的专属盔甲——他是个强大的剑士，不需要其他什么东西。

左图　波隆（杰罗姆·弗林饰）的雇佣兵造型。
右图　波隆的雇佣兵装包括一件长袖皮革紧身上衣、一条长裤以及一双靴子。
对页上左图　皮革紧身上衣的后视图，能看出这件大衣在背部由系绳系紧。
对页上右图　紧身上衣正面的一排衣扣。
对页下左图　着装的后视图，能看见波隆用于藏匕首的匕首套。
对页下右图　波隆在紧身上衣里穿着一件深棕色布衬衫。

波隆在黑水河之战后被封为骑士，他欣然接受自己的新身份。我们曾在他的封地史铎克渥斯堡短暂地看到他身穿一件图纹华丽的长袖金色衬衫，外穿一件质感长款紧身上衣，上衣的扣环十分显眼。我还设计了一件蓝色的半披风，披风内衬织物上印有十字弓风格的图案。我认为波隆可能会身穿一些与提利昂有关的元素，所以我使用了与提利昂相似的面料。

但波隆从来不能完全脱离他雇佣兵的身份。没多久他又穿上了老皮衣，救詹姆于危难之中，被瑟曦派去完成一场危险的任务。最后，他终于获得了头衔与显赫的地位——在布兰的御前会议中担任财政大臣。

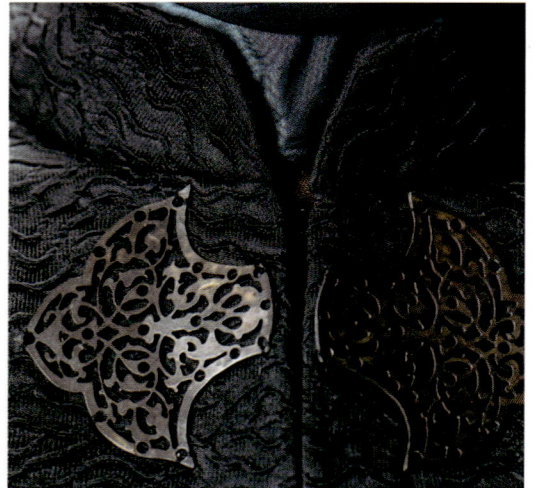

对页图　在波隆（杰罗姆·弗林饰）被封为骑士之后，他开始穿得更像一位富有的贵族，当然有些穿着参考了提利昂的风格。
左图　波隆的金色衬衫袖子十分宽大。
中右图　细节图展示了波隆所戴的蓝色丝绸领结以及最上面的衣扣。
下右图　波隆的斗篷上印有十字弓家徽图案。

魔山

格雷果·克里冈是一名狠毒的骑士，宣誓效忠于兰尼斯特家族。他常常因为其庞大的身躯被称为"魔山"。这一角色由哈弗波·朱利尔斯·比昂森饰演，他壮硕的身躯，发达的肌肉实在是让人印象深刻。

在为魔山设计盔甲时，我的主要目标是突出其令人生畏的体格，甚至还要让他看起来更高、更壮、更骇人。魔山看起来必须是《权力的游戏》中最凶恶、压迫感最强的角色，但另一方面服装也要让他行动方便，不能太僵硬，以免造成太多限制。

为了让这件盔甲机动性更强，我为他设计了一套由皮革做成的盔甲，皮革经过处理后外观上与金属相似，包括一个皮革头盔。这些皮革甲片贴在锁子甲外衣上，虽然比全金属版轻了许多，整件服装仍然十分沉重。但如果连哈弗波都穿不了这么重的盔甲，那别的人也穿不了。为了补完整件盔甲，我们还制造了护肩甲，让魔山的肩膀看起来更宽，也让他看起来更具有支配感。

上右图及左图　魔山（哈弗波·朱利尔斯·比昂森饰）在战斗中穿着他的盔甲。
下右图　魔山盔甲的设计目标是使原本就十分魁梧的魔山看起来更加骇人。
对页上左图　魔山盔甲的细节展示，整件盔甲由皮革甲片和锁子甲制成。
对页上右图　魔山的皮头盔上还镶有铆钉，能为他在战斗中提供更多保护。
对页下左图　魔山的护手上也有铆钉。
对页下右图　下摆部分是一片片的皮革片，由铁丝缠在一起。

随后，魔山在比武审判时中了奥柏伦·马泰尔（佩德罗·帕斯卡饰）的毒药，身受重伤，这场比武审判最终使得两名战士都死亡了。瑟曦以非自然的方式复活了魔山，复活后的魔山甚至比以前更可怖了——从不说话，是个藏在盔甲里的巨大怪物。这一时期，他一开始穿着御林铁卫盔甲，但瑟曦坐上铁王座后，我为骑士团重新设计了一版盔甲，现在他们是"女王铁卫"。

左图　魔山（哈弗波·朱利尔斯·比昂森饰）穿着他的御林铁卫服装。
右图　魔山的御林铁卫服装和其他保护国王的骑士一样——胸甲处有标志性的拜拉席恩鹿角装饰图案——但不同的是，魔山从不摘下他的头盔。

魔山的新制服由黑色皮革制成，个别关键处采用银色和黑色金属。胸甲和银质的肩甲上有瑟曦王冠的标识。女王铁卫的新头盔保留了原本的三条鳍，但三条鳍在面部交叉扭曲成结，组成了面甲，挡住了他们的五官。对魔山来说，金属结隐藏了他损毁的面容，但他看起来仍然十分可怕。

左图　魔山的御林铁卫制服后视图，展示了白色长袍以及头盔背部。
右图　魔山（比昂森饰）身着他的女王铁卫制服。

魔山

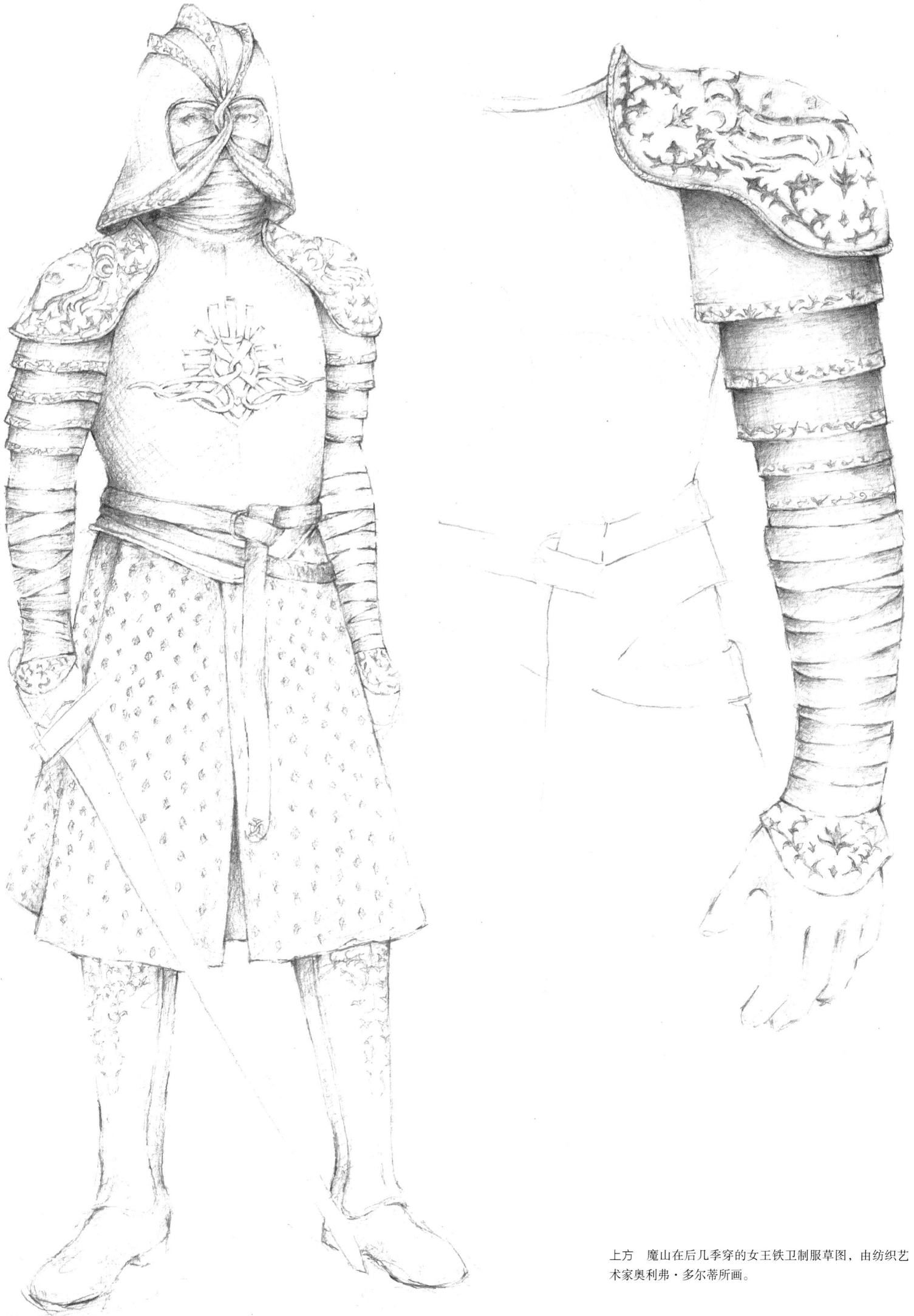

上方　魔山在后几季穿的女王铁卫制服草图，由纺织艺术家奥利弗·多尔蒂所画。

左图　奥利弗·多尔蒂所画的女王铁卫制服后视图。
右图　米歇尔·克莱普顿所画的一版女王铁卫制服草图，
胸甲处有不同的设计。

玛格丽·提利尔

随着剧情发展，玛格丽·提利尔（娜塔莉·多默尔饰）成为铁王座的主要争夺者，也成了最杰出的家族成员。提利尔大家族的领土从提利尔城堡一直延伸到高庭家族领地，统治着维斯特洛大陆西南部的大片地区。提利尔家族与兰尼斯特家族一样富有，我最终选用上等面料制作提利尔家族服饰，并全部采用蓝色调。提利尔蓝明亮纯净，非常接近水洗蓝。我为玛格丽和每个提利尔家族成员设计的服饰都是这种淡淡的天蓝色，如玛格丽之父，家族首领梅斯·提利尔（罗杰·阿什顿—格里菲思饰）；梅斯之母和玛格丽祖母奥莲娜夫人（戴安娜·里格女爵饰）；以及玛格丽的兄长洛拉斯（芬恩·琼斯饰）。

玛格丽在高庭长大，一心只想登上王后宝座。她的故事背景提供了设计大量华服的空间。玛格丽是个家财万贯、格调高雅的年轻女性，时刻注重外表。她利用衣装来推动个人目标，若要勾引人，就衣着暴露；若要达到政治目的，就衣着低调。

玛格丽前期穿着我为她设计的"漏斗"连衣裙，这套造型我非常喜欢，灵感来自亚历山大·麦昆（Alexander Mcqueen）于2004年为冰岛音乐家比约克（Björk）设计的礼服。这件连衣裙领口宽大，由重磅真丝制成，饰有突出的几何图案和棉质背衬。为了定型，我必须使用一种结实硬挺的带骨布料（也用于制作紧身胸衣的刚性支撑物）。最后，我沿着袖孔绣上了军装风格刺绣。我希望这件衣服能表现一个年轻女孩的雄心壮志，尽管她尚未认清自己的力量。她心比天高，手段却近乎笨拙。后来，大家能看到瑟曦在玛格丽与乔佛里的婚礼上穿了类似版型的礼服，只是做工更细，更为高雅。瑟曦选用这种版型的服装宣告统治地位，与玛格丽争夺宫廷话语权。

对页顶部图和对页下图　玛格丽·提利尔（娜塔莉·多默尔饰）身着"漏斗裙"，上面饰有突出的几何图案。

上图　玛格丽为勾引蓝礼·拜拉席恩所穿的连衣裙袒胸露肩。

但玛格丽在嫁给乔佛里之前，最先与劳勃·拜拉席恩的弟弟蓝礼（格辛·安东尼饰）成婚——这是她最后一次穿着带有绿色的服装，我想暗示她即将把提利尔家族抛在身后，爬上更高的社会阶层，加之我也决定放弃绿色，将蓝色设为提利尔家族的标志性颜色。蓝礼离奇遇害，联姻破裂，年轻的寡妇玛格丽便前往君临，吸引了乔佛里的目光。在首都，她穿着精致透薄的连衣裙，裙子由最为轻盈、最为飘逸的蓝色纺绸制成，几乎透明。

玛格丽的礼服由于暴露太多，难以裁剪。这些裙子的外观必须轻巧自如，很多支撑结构便藏进了紧身胸衣内部。每件礼服都凸显着玛格丽与瑟曦愈演愈烈的斗争。玛格丽穿得越少，瑟曦戒心越重，选穿夸张的红色和金色礼服，强调她富可敌国、权力滔天的家族背景。瑟曦明白，玛格丽的青春美貌威力巨大，这个天真少女恐怕会真正威胁到她对乔佛里的掌控。因此，瑟曦穿上凸显权势的服装予以反击。

顶部图　玛格丽·提利尔（多默尔饰）经典造型，身着剪裁暴露的浅蓝色礼服。

下图　珊莎·史塔克（苏菲·特纳饰）和玛格丽·提利尔（娜塔莉·多默尔饰）在君临城；两人服饰有相似之处，反映出情感联结。

对页图　玛格丽为勾引蓝礼·拜拉席恩所穿服饰的造型概念草图，礼服剪裁十分暴露，米歇尔·克莱普顿绘制。

玛格丽·提利尔

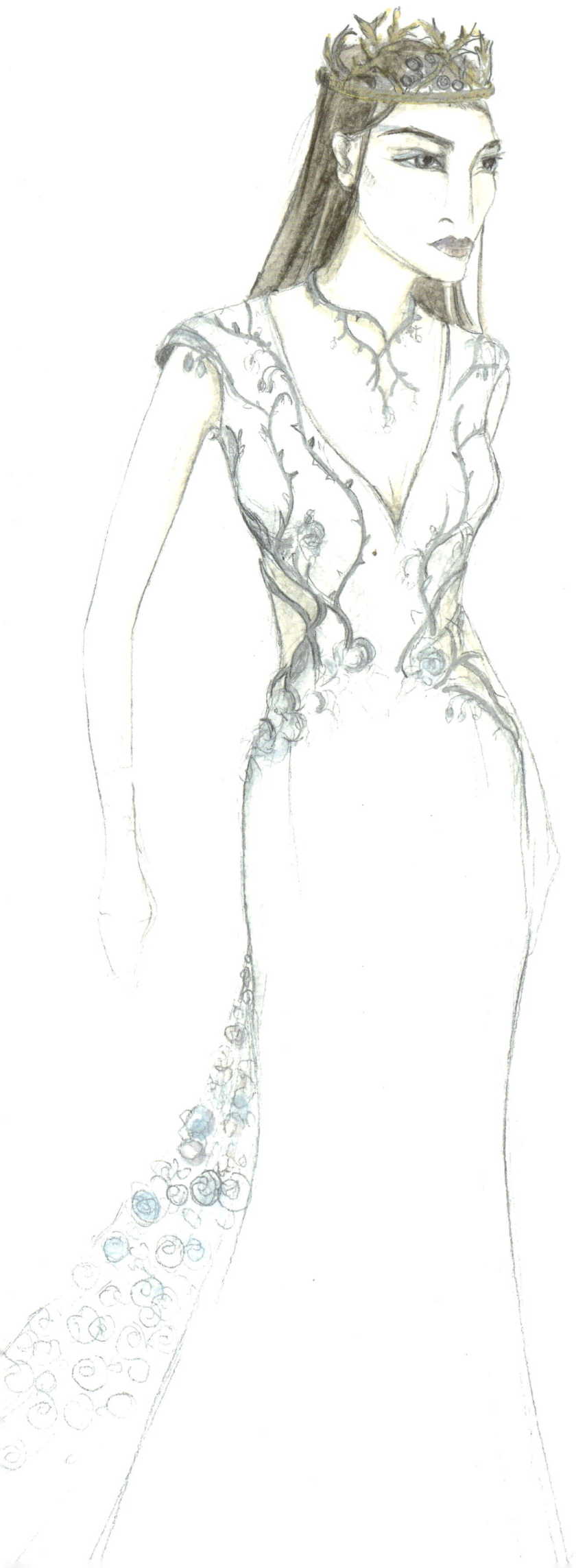

在玛格丽与乔佛里的婚礼上，我也想让玛格丽的服饰性感如常。婚服面料隐约透着落叶图纹，与"黑衣珊莎"礼服和珊莎加冕礼服的面料相同，强化了两个女孩之间的联系。裙子呈灰白色，露出背部，经斜裁而成，完美衬出玛格丽的身材。拖地裙摆上的花叶均为手工制成，经过设计，宛如遍布玫瑰与叶片的花园。但若仔细观察，你会发现每枝根茎上都带着金属刺——玛格丽很美丽，也很危险。当她款款走下台阶，我们想让拖地裙摆在她身后波浪起伏，便给裙摆加上金属丝，让它沿阶梯逐级滑下时保持形状。

玛格丽在裙子外面披了斗篷，在我的想象中，它是一件在兰尼斯特家族世代相传的斗篷。其实，这是我很久之前在古玩集市上淘到的羊毛古着，那时我甚至还未参与《权力的游戏》设计工作。我一眼相中了斗篷华丽的刺绣——我甚至不确定这件单品最初有何用途，但它现在非常适合《权力的游戏》。于是，我们为斗篷加上衬里，并在现有刺绣上加绣了兰尼斯特雄狮。

上左图　玛格丽的项链由月长石制成，与嫁给乔佛里时的婚服颜色相呼应。

中左图　玛格丽婚服套装配有浅灰色小高跟踝靴，在侧面系紧。

下左图　玛格丽的王冠与乔佛里的王冠配成一对，上面的玫瑰花藤匍匐生长，攀上象征拜拉席恩家族的鹿角。

右图　玛格丽婚服的面料与"黑衣珊莎"服饰和珊莎第八季的加冕礼服相同。

对页左图　婚服草图展现了礼服后背由一大串玫瑰花织成的拖地裙摆。米歇尔·克莱普顿绘制。

对页右图　玛格丽·提利尔（娜塔莉·多默尔饰）身着灰白色礼服，即将与乔佛里成婚。

玛格丽·提利尔

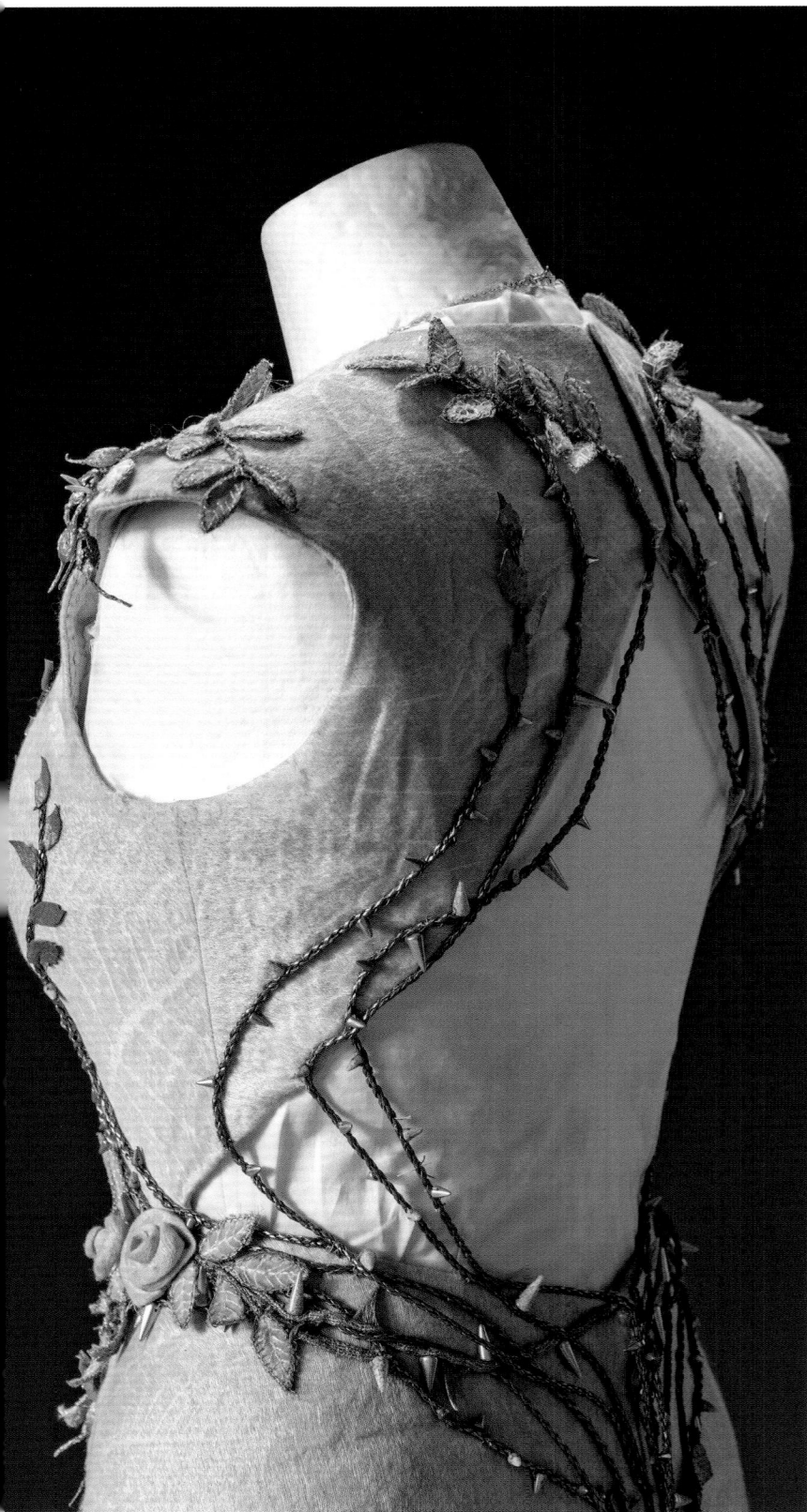

左图　礼服背面裁去了很大一部分；紧身胸衣饰有织物制成的玫瑰藤，由叶片和尖刺装点完成。
右图　婚服后视图，拖地裙摆上汇满玫瑰。
对页左图　裙摆上有数百朵玫瑰，每朵都由手工制成。
对页右图　银灰色玫瑰与礼服仙气飘飘的色彩相得益彰。

玛格丽·提利尔

左图　玛格丽穿在婚服上的斗篷是一件古着，购于距《权力的游戏》开拍几年前。

右图　斗篷后视图。

对页上左图　古着斗篷刺绣细节图。

对页上右图　斗篷加绣了兰尼斯特雄狮，表示这件婚服斗篷在兰尼斯特家族中世代相传。

对页中左图　金色刺绣细节图。

对页中右图　古着斗篷有现成的红金配色装饰，非常适合兰尼斯特家族。

对页下左图　玛格丽婚服靴子正视图。

对页下右图　细节图展现了礼服后背的玫瑰和藤蔓。

当然，玛格丽与乔佛里的婚姻十分短暂，刚办完婚礼，就要为丈夫服丧。不过，她并不为乔佛里的逝去感到悲伤，因为她早已意识到乔佛里其实有多么可怕。很快把注意力转移到乔佛里的弟弟身上，但为了装出寡妇痛悼亡夫的模样，在一小段时间内，还是选穿黑色衣服。这件丧服标志着玛格丽造型的轻微转变。丧服裙由提花丝绸制成，配有版型硬挺的无袖紧身胸衣和全长裙摆。丝绸质量上乘，显得臀部丰满而不臃肿，勾勒出美妙的身体曲线。只要玛格丽摆动身体，裙裾也会随之飘动。她的上半身虽有裸露，但为了更显端庄，我还是给她配了一条黑色裹身布来遮住手臂和肩膀。她不但要假装对乔佛里之死深感悲痛，还要花心思牢牢牵住托曼的心。我认为如果她着装太过性感可能会把托曼吓跑。

左图　玛格丽（娜塔莉·多默尔饰）穿着相对保守，悼念亡夫。
上右图　服丧期间，玛格丽戴着她在婚礼上佩戴的项链。
下右图　丧服和配套靴子造型侧视图。
对页图　丧服的紧身胸衣由玫瑰印花面料制成，这种面料仅供提利尔家族成员使用。

玛格丽·提利尔

很快，玛格丽与托曼订婚，他们的婚礼上，我想为玛格丽设计一件厚实的礼服，表明她已做好与瑟曦争夺君临统治权的准备。她嫁给乔佛里时的婚服张扬性感，暗示她需要制服乔佛里，也旨在勾起一位野蛮君主的欲望。而与托曼结婚时，她穿的婚服更加端庄，也更符合皇室传统风格。这件礼服不但说明托曼是个正直高尚的男孩，也宣告玛格丽正式加入王权斗争。她无须再用肉体换取高位——她已做好准备，全力维护她对王后宝座的占有欲。

我设计了一件金色无袖礼服，它与伊丽莎白时期的风格极其相似，但不属于现实中的任何历史时期。我让军械制作部用黄铜制作了金属花纹，可以直接压在我选好的布料上；金属紧身胸衣按玛格丽的身材铸造成型，沿身体曲线弯曲。这件礼服穿在身上十分僵硬，因为不想让它在玛格丽跪下或行屈膝礼时弯折。还在礼服臀部添加了厚厚的管形褶裥来增加胯宽。项链算是连衣裙元素的延伸，样式与紧身胸衣的花纹相同。玛格丽金色王冠有缠着玫瑰藤的拜拉席恩鹿角，与她和乔佛里结婚时戴的王冠是同一顶。这件礼服是玛格丽所有造型中的巅峰之作——她正站在权力的顶峰，但她和之前所有挑战瑟曦的人一样，最终惨死于瑟曦之手。

下右图　玛格丽（娜塔莉·多默尔饰）与托曼·拜拉席恩（迪恩·查尔斯·查普曼饰）成婚。
中右图　与托曼成婚时，玛格丽戴着她和乔佛里结婚时戴的那顶金色皇冠。
左图　金色无袖婚服的臀部饰有开口管形褶裥。
对页图　金属紧身胸衣必须按演员娜塔莉·多默尔的身材铸造成型。

玛格丽·提利尔

上图　玛格丽与托曼成婚时的婚服概念草图，米歇尔·克莱普顿绘制。

对页上左图　无袖礼服看似伊丽莎白时期风格，但不属于现实世界的任何特定历史时期。

对页中左图　这条项链的样式与金属紧身胸衣的花纹相配。

对页下左图　细节图展现了连衣裙背面华丽的花纹装饰。

对页右图　礼服后视图展现了长而飘逸的裙摆。

提利尔家族
奥莲娜·提利尔

奥莲娜夫人（戴安娜·里格女爵饰）是提利尔家族的女族长，她性格火爆，十分健谈，对兰尼斯特家族没有任何好感。奥莲娜夫人的造型源于饰演者戴安娜·里格女爵。她建议造型采用修女的包头巾，我们也认为这个配饰十分贴合角色。锦上添花的是，演员戴了头巾就无须提前来到片场做发型。剧中戴包头巾的只有修女和充当贵族家庭教师的女性神职人员，但我们为奥莲娜的包头巾找到了合理解释，认为这也许是高庭老年妇女和寡妇中流行的风格。

我用一种金蓝相间、美丽非常的玫瑰印花面料制成了奥莲娜的第一款造型——我发现这种面料特别适合提利尔家族，我甚至觉得提利尔家族会委托裁缝给所有的家族服饰都印上这种印花。奥莲娜有两套式样相似的造型，一件是长款外套，另一件是织锦制成的短款外套，两件都搭配一条简单的长裙。奥莲娜是一位年长女性，我认为她会选穿风格低调但面料上乘的衣服。另外，在气温较高的拍摄地，演员穿短夹克会更舒适——君临场景都在克罗地亚的杜布罗夫尼克城拍摄，那里属于地中海气候，阳光明媚。为了设计多种造型，我们尽量在提利尔家族配色范围内选择优质、华美的面料，奥莲娜的包头巾也越来越精致。

左图　在玛格丽与乔佛里的婚礼上，奥莲娜包头巾上的刺绣细节图。
右图　奥莲娜的长款婚礼礼服由提利尔家族的标志性面料制成。
对页上左图　蓝金玫瑰印花布料细节图。
对页图中左图　奥莲娜·提利尔夫人（戴安娜·里格女爵饰）是唯一一个戴着帽子和包头巾的主角。图中，她正与泰温·兰尼斯特（查尔斯·丹斯饰）和梅斯·提利尔（罗杰·阿什顿—格里菲斯饰）在一起。
对页下左图　奥莲娜的婚礼礼服饰有蓝金刺绣。
对页右图　奥莲娜的婚礼造型由长袖外套和长裙组成，设计简约，适合年长女性。

上图　梅斯、玛格丽和洛拉斯遇害后，奥莲娜（戴安娜·里格女爵饰）身着黑衣为家人服丧。

对页上左图　奥莲娜的丧服造型由包头巾搭配完成。

对页上右图　丧服细节图，其剪裁与奥莲娜其他服饰相似。

对页下左图　奥莲娜丧服的花卉图纹由提利尔玫瑰印花演变而来，风格阴沉。

对页中右图　黑色帽子绣有提利尔玫瑰。

对页下右图　及腰外套约缎面裙剪裁细节图。

洛拉斯·提利尔

玛格丽的兄长洛拉斯（芬恩·琼斯饰）是高庭族长的继承人，人称"百花骑士"，称号灵感源于提利尔家族的家徽。首次出场时，他和蓝礼·拜拉席恩是秘密情人，但维斯特洛的大部分地区并不支持同性恋。蓝礼与玛格丽成婚之后，洛拉斯也没有和他断绝情人关系——匡此，洛拉斯对于蓝礼被害伤心欲绝。

洛拉斯是个典型的花花公子，热爱一切美丽的事物，家中财力雄厚，为他一贯高贵的风格提供了物质保障。他的服饰总是优雅而富有品位。譬如在乔佛里和玛格丽的婚礼上，他穿的传统长款紧身上衣就是维斯特洛富裕领主常穿的款式，但我们给他的衬衫袖子打上了缩褶，袖口显得非常饱满，与众不同。我特别喜欢缩褶。它纯粹是个装饰，但这种绣法无比美丽，尤其适合注重外表的洛拉斯。他的服饰常常带有提利尔家族惯用的金色和蓝色。我还为他设计了一个由铜、银和玻璃制成的玫瑰胸花，他总把胸花别在衣服上，象征对家族的忠诚。

左图　在乔佛里和玛格丽的婚礼上，洛拉斯·提利尔（芬恩·琼斯饰）的着装蓝金相配。十分华美。
右图　洛拉斯身着传统长款紧身上衣，搭配玫瑰胸花和全袖玫瑰印花衬衫。
对页上左图　洛拉斯是剧中唯一一个袖管带有缩褶的角色。
对页中左图　紧身上衣的金色金属搭扣细节图。
对页下左图　洛拉斯的玫瑰胸花由铜、银和玻璃制成。
对页右图　洛拉斯的棕色皮带上压印玫瑰，向提利尔家族的家徽致敬。

洛拉斯是一位武艺高强的骑士，我想让他的盔甲亮丽如新，与普通战士刮痕累累的金属盔甲不同。我通过研究发现了板甲衣，它在15至16世纪比较流行，兼具机动性和保护性。历史表明，传统盔甲由锤击成身体形状的金属制成，便于穿戴。板甲衣更进一步，在金属正反面都覆上了皮革或布料。由于金属内外都有布料衬里，板甲衣不仅更具装饰性，穿在身上也更加舒适。

我们用制作板甲衣的方法制成了洛拉斯的盔甲，但把金属片换成皮革板，减轻饰演者芬恩的负重。接着用天鹅绒盖住皮革板，还在边缘嵌铆钉，加以固定。洛拉斯的绗缝下摆也用同样的方法嵌铆钉。成品非常惊艳，有洛拉斯的风格。

右图 洛拉斯·提利尔（芬恩·琼斯饰）身着板甲衣。
左图 板甲衣由覆盖天鹅绒的皮革板制成。
对页图 对于一位武艺高强的骑士来说，这套别具一格的板甲衣既美观又实用。

梅斯·提利尔

梅斯·提利尔（罗杰·阿什顿—格里菲斯饰）自命不凡，但从剧情看来，他其实软弱无能，最终沦为瑟曦·兰尼斯特政治阴谋的牺牲品。我为梅斯设计了与洛拉斯造型相似的服饰：一件带有肩章的长款大衣，由提利尔家族的专用面料制成，内搭传统紧身上衣。我们加上大象形状的金色搭扣来扣紧上衣，还有一条细腰带，配上这位绅士的大块头，显得有些滑稽。我们还想办法把他的领结系成了花朵形状。他和洛拉斯一样崇尚美丽，我想通过他们的服饰来展现这个共同点。

左图　梅斯·提利尔（罗杰·阿什顿—格里菲斯饰）与奥莲娜·提利尔（戴安娜·里格女爵饰）一同庆祝女儿玛格丽与乔佛里国王的婚礼。
右图　梅斯·提利尔婚礼造型中的衬衫和坠布装饰均由提利尔家族的标志性布料制成。
对页上左图　细节图展现了坠布固定在紧身上衣肩部的方法。
对页中左图　梅斯的婚礼造型配有一条装饰性细皮带。
对页下左图　关合紧身上衣的金色搭扣。
对页右图　梅斯婚礼造型后视图，重点展示坠布。

奥柏伦·马泰尔

马泰尔家族统治着多恩。他们的服饰色彩浓艳，饰有家徽——一轮红日被一柄金枪贯穿，这个家徽根据多恩首都阳戟城设计。为了设计奥柏伦·马泰尔王子（佩德罗·帕斯卡饰）和其他马泰尔家族成员的造型，我转向印度风格寻求灵感，发现橙色调和黄色调充满张力，鲜明饱满，立刻吸引了我的目光。这种颜色狂放不羁，富丽堂皇，散发着炽热的激情，非常适合马泰尔族人的火爆性格。马泰尔家族的服饰也使人联想到20世纪60年代末至70年代初美国反主流文化的风格，很符合多恩反叛正统的精神。多恩人不受君临主流婚姻观、家庭观和性观念的约束。他们充满血性，为己念而生，也为己念而死。

奥柏伦外号"红毒蛇"，招招致命。他精通毒药，擅长让敌人在痛苦中死去。他男女通吃，旺盛的性欲和精湛的武艺一样远近闻名。

我为奥柏伦设计的长袍较为女性化，但它一穿在演员佩德罗身上就散发出阳刚之气，与角色完美贴合。长袍由我们在印度和意大利买入的印花厚亚麻布和印花重磅真丝制成，嵌有我们制作的金属太阳饰钉，象征着马泰尔家族的家徽。

右图　奥柏伦·马泰尔（佩德罗·帕斯卡饰）身着饰有家徽的长袍。
对页图　米歇尔·克莱普顿早期为奥柏伦·马泰尔（左）和情人艾拉莉亚·沙德绘制的造型概念图。

对页图　奥柏伦·马泰尔（佩德罗·帕斯卡饰）和艾拉莉亚·沙德（因迪拉·瓦玛饰）的服饰分别采用金色调和橙色调，互为补色。

上左图　奥柏伦经典造型后视图，长袍背后设有开衩，隐约露出颜色鲜艳的衬里。

中左图　奥柏伦佩戴的矩形吊坠。

下左图　奥柏伦佩戴的棕色皮带细节图。

右图　奥柏伦鲜艳的长袍由亚麻布和丝绸制成。

上图　奥柏伦参加婚礼的着装选用颜色对比鲜明的面料制成。

对页上左图　金色调刺绣为奥柏伦的婚礼造型长袍锦上添花。

对页下左图　奥柏伦婚礼造型长袍套着衬衫，衬衫饰边使人联想到蛇皮。

对页右图　奥柏伦腰部系着宽大的布条，为整套婚礼造型增色，平添魅力。

第274-275页 米歇尔·克莱普顿绘制的"红毒蛇"盔甲草图。

奥柏伦棕色及膝靴的设计灵感源于我的朋友，他叫约翰·摩尔（John Moore），现已辞世。他设计过一些造型独特又美观的靴子——靴子鞋底超出鞋尖，前端微微翘起。这种风格看上去非常适合奥柏伦这样标新立异的人。为了制作靴子，我们在皮革上手工压印出蛇皮图案，描出靴子圆润流畅的轮廓，再给皮革染色，突出这些凹痕。

决战魔山时，奥柏伦身着"红毒蛇"盔甲。盔甲由栗色皮革制成，为了模仿爬行动物的皮肤，又加饰了黑色印花。造型另配一副非常精美的黄铜锁子甲，我认为它与奥柏伦黄色和橙色衣服十分相配。出于对细节的考究，我还为奥柏伦配上了蛇头状护手甲，用一对黑色铆钉代表蛇眼睛。不过，盔甲最后没能给奥柏伦帮上忙——在与魔山的战斗中，奥柏伦的死法是剧中最恐怖的死法之一。"红毒蛇"奥柏伦在《权力的游戏》中出场时间很短，但我确实很喜欢为他设计服装。

右图　奥柏伦·马泰尔（佩德罗·帕斯卡饰）开启与魔山的悲惨决斗前，艾拉莉亚·沙德（因迪拉·瓦玛饰）紧紧贴着他。

左图　手工压印的棕色皮革设计成蛇皮纹理；奥柏伦的剑柄上也有一只露出獠牙的蛇头。

对页图　盔甲造型中还有一副蛇头状护手甲，一对黑色铆钉代表蛇眼睛。

奥柏伦·马泰尔

上图　奥柏伦·马泰尔（佩德罗·帕斯卡饰）身穿"红毒蛇"盔甲，与魔山（哈弗波·朱利尔斯·比昂森饰）进行单人决斗。
对页上左图　盔甲后颈部饰有一条露着獠牙的蛇。
对页中左图　与盔甲配套的皮带也有蛇支质感。
对页下左图　头盔的面甲也饰有蛇皮纹理。
对页右图　头盔的盔脊和面甲也有手工玉印的蛇皮纹理，与盔甲花纹呼应。

艾拉莉亚·沙德

奥柏伦王子的情人艾拉莉亚（因迪拉·瓦尔玛饰）是一个骄傲的女人，性欲和情人奥柏伦一样旺盛。艾拉莉亚只按自己的想法行事，不受任何人摆布，并以私生女的身份为荣——在多恩，私生子女都姓"沙德"。艾拉莉亚是个强大的角色，我希望她的造型能凸显她的骄傲、独立。她的造型设计与奥柏伦一致，因为我想让两人的服饰相互衬托，把他们打造成一个整体的两部分。

艾拉莉亚首次出场，是与奥柏伦一起抵达君临，参加乔佛里的婚礼。她身着藏红花黄色礼服，灵感源于多种文化。这件礼服由砂洗真丝制成，饰有我们在印度购买的复古纱丽。礼服肩衬硬挺，象征着力量，略带日本风格，又略带印度风格。我想把礼服前胸的领口开得非常低，便设计了一款20世纪70年代风格的文胸，总共只有两片三角形布料遮住乳房，突出了她的性感。我为文胸添上皮革饰边，再次强调她充满力量，又用金属环、绿色宝石和金属圆盘装饰礼服，这些金属圆盘和亮片一样，能增强视觉效果。我们还制作了蛇皮纹理凉鞋，最后给饰演者因迪拉戴上一顶末端坠着金属沉苏的精美头饰。因迪拉身着这套礼服，显得仪态万千。

对页图 米歇尔·克莱普顿早期草图中，艾拉莉亚出席乔佛里和玛格丽婚礼的造型包含硬肩衬和20世纪70年代风格的文胸。
左图 艾拉莉亚·沙德（因迪拉·瓦尔玛饰）和奥柏伦·马泰尔（佩德罗·帕斯卡饰）身着高调的多恩风格服饰，参加皇室婚礼。
右图 藏红花黄色礼服由砂洗真丝制成，细节装饰取自一件复古纱丽。

上左图　艾拉莉亚的系带凉鞋带有蛇皮纹理设计，完善了整套造型。

中左图　细节图显示，文胸由手工压印蛇纹的皮革饰边，与"红毒蛇"盔甲配对。

下左图　礼服肩部后视图　礼服双肩凸起，受日本风格影响。

右图　艾拉莉亚婚礼造型全身图。

对页左图　礼服领口非常低，突出了艾拉莉亚的性感。

对页右图　礼服的肩部饰有金属环、绿色宝石和金属小圆盘。

艾拉莉亚·沙德

上图 米歇尔·克莱普顿绘制的概念草图显示，婚礼造型的设计与一顶优雅的头饰搭配，头饰末端坠着金属流苏。

对页页部图 艾拉莉亚·沙德（因迪拉·瓦玛饰）与奥柏伦·马泰尔（佩德罗·帕斯卡饰）共同出席乔佛里的婚礼时戴着头饰。

对页下图 头饰金属流苏（最左）、正面（中）和侧面（最右）细节图。

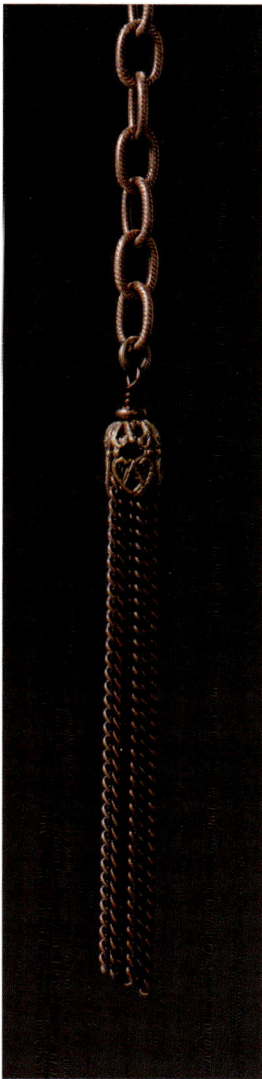

奥柏伦被杀后，艾拉莉亚悲愤至极，痛下决心，要狠狠报复瑟曦和瑟曦所爱的每一个人。为表艾拉莉亚的哀悼之情，我给她设计了一件饰有绑带的黑色连衣裙。对我来说，绑带通常象征着自我保护和武装，说明她想穿着让自己更有安全感的服装。这件礼服的肩部和我先前设计的黄色礼服一样硬挺，也零星点缀着刺绣图案。她用一只风格鲜明的黄铜手镯搭配礼服，手镯像一条蛇，不但盘绕在手部，还爬上了前臂。这只手镯必须在手上摆出造型；若不贴合她的手，看上去就会十分廉价。然而，金属很难扭成理想的形状。加上我想把蛇嘴张开，还要露出锋利的獠牙和蛇信子，手镯的制作过程就更为复杂。最终，军械部成功做出了这件精美的首饰。

　　我还要设计艾拉莉亚佩戴的项链，这条项链吊着一瓶毒药。我想把项链设计得富有质感而不引起注意，同时还能正常使用。她必须能够顺利打开小瓶，将毒药涂在嘴上，给受害者一个致命的吻——这次的受害者是弥赛菈，艾拉莉亚杀了她为奥柏伦报了仇。由于这件首饰非常重要，我把项链设计成几种不同的尺寸来调整比例。再强调一遍，《权力的游戏》中的首饰绝不只是装饰。它们总能为剧情添砖加瓦。

右图　为奥柏伦服丧时，艾拉莉亚身着黑色长裙，皮革绑带在心口处交叉。
对页上左图　艾拉莉亚·沙德（因迪拉·瓦玛饰）身着丧服。
对页上右图　丧服后视图。
对页中图　丧服颈部和肩部细节图，重点展示与奥柏伦盔甲相配的手工压花皮革衣领和装饰。
对页下图　礼服肩部缝制的刺绣细节图。

上图　米歇尔·克莱普顿绘制的艾拉莉亚的丧服和配套项链造型概念草图，项链吊着一瓶毒药。

对页顶部图　艾拉莉亚·沙德（冯迪拉·瓦玛饰）身着丧服和毒药项链。

对页中左图和对页下左图　礼服配有一只缠绕在手臂上的蛇形黄铜手镯；蛇嘴张开，露出獠牙和蛇信子。

对页下右图　艾拉莉亚丧服皮革绑带的手工印花特写；艾拉莉亚的毒药项链吊在绑带交叉点的下方。

马泰尔家族
特蕾妮·沙德｜"沙蛇"

奥柏伦·马泰尔共有八个私生女，人称"沙蛇"，最年长的几位是特蕾妮·沙德（罗莎贝尔·劳伦蒂·塞勒斯饰）、奥芭娅·沙德（凯莎·卡斯特—休伊斯饰）和娜梅莉亚·沙德（杰西卡·亨维克饰）。她们是训练有素的战士，都有置人死地的能力。她们是一个密不可分的团体，所以我想在这个团体首次出场时，让每个女孩的造型既有个性，又符合三人组的整体风格。在我看来，要强调她们之间的血缘关系就必须融入父亲奥柏伦的服装元素。

特蕾妮·沙德是奥柏伦与艾拉莉亚之女，她身穿藏红花黄色纺绸连衣裙，内搭传统多恩"20世纪70年代"文胸和多恩长裤。这条裙子能系在侧边，便于骑马或跑步。奥芭娅·沙德身着手工印花皮盔甲，皮革甲本身的细节工艺就非常精致。娜梅莉亚·沙德的连衣裙与特蕾妮的剪裁略有不同——这条裙子更长、线条更流畅——但它也用藏红花黄色纺绸制成，饰有手工印花皮革。这些女孩穿得不多，但造型中仍然有表达力量和安全感的元素。

作为造型收尾，"沙蛇"穿的靴子都仿照奥柏伦的靴子制成。我非常喜欢这种靴子的外观，靴跟也非常适合这些长期骑马的角色。

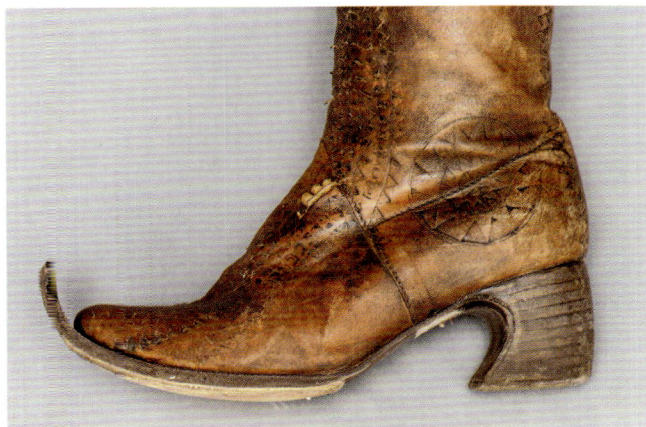

左图　特蕾妮·沙德的靴子鞋底加长，鞋跟形状也适合骑马。
右图　特蕾妮·沙德经典服饰专为跑步、骑马和战斗设计。
对页上左图　特蕾妮的服装也饰有手工印花皮革，与父亲奥柏伦相同。
对页上右图　特蕾妮（劳伦蒂·塞勒斯饰）戴着一条与艾拉莉亚相同的毒药项链。
对页下左图　特蕾妮造型皮带和三角形搭扣细节图。
对页下右图　特蕾妮的裙子可以挂在腰带上，便于行动。

奥芭娅·沙德 | "沙蛇"

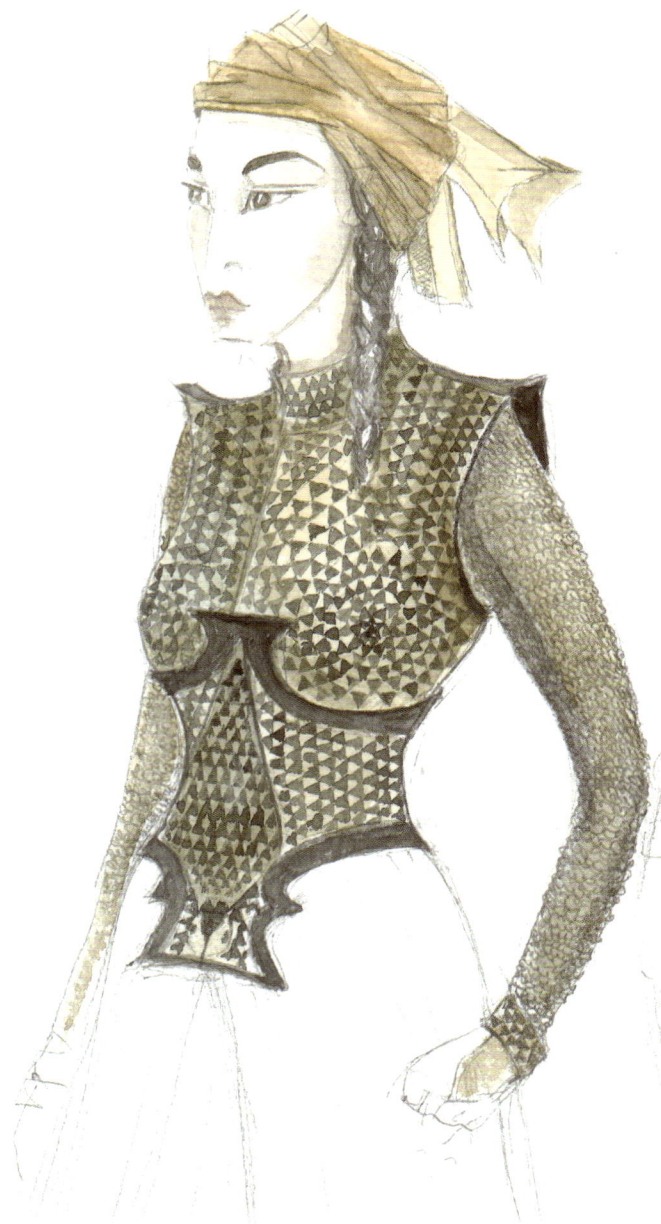

上图 米歇尔·克莱普顿为奥芭娅·沙德皮革甲和靴子绘制的造型概念设计草图。

对页左图 奥芭娅·沙德（凯莎·卡斯特—休伊斯饰）身着盔甲。

对页上右图 奥芭娅手工印花皮革甲领口细节图。

对页中右图 奥芭娅盔甲后视图，重点展示在衣服背面交叉的皮带和下摆花边。

对页下右图 奥芭娅盔甲颈部后视图，印花皮革在此处重叠。

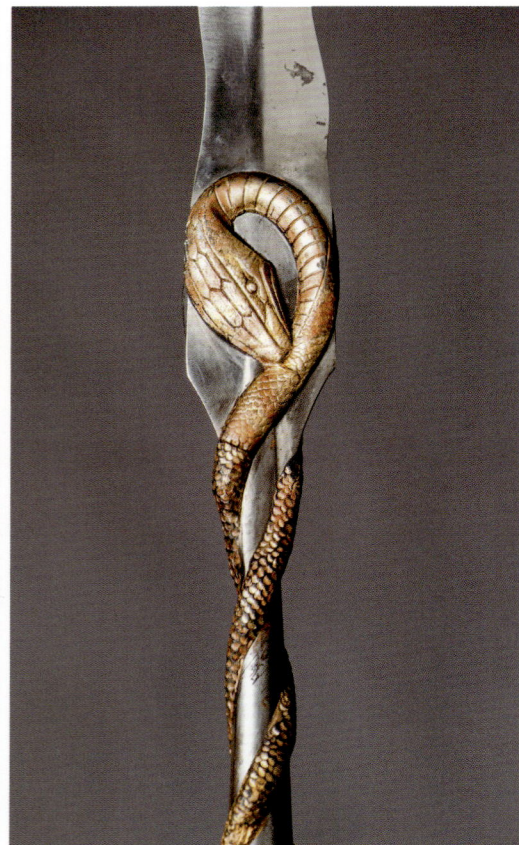

左图　奥芭娅·沙德盔甲后视图。
上右图　奥芭娅的矛的刃上饰有蛇图案。
下右图　奥芭娅的皮带末端嵌有装饰性金属片。
对页图　奥芭娅·沙德盔四分之三侧视图；造型整体把奥芭娅与她的勇士父亲紧密联系在一起。

娜梅莉亚·沙德 | "沙蛇"

左图　娜梅莉亚·沙德（杰西卡·亨维克饰）飘逸的长裙罩着裤子和靴子。

右图　与峥蕾妮·沙德相同，这套服装由藏红花黄色纺绸制成。

对页图　米歇尔·克莱普顿绘制的概念草图显示，娜梅莉亚早期造型与艾拉莉亚·沙德的礼服相同，都有凸出的肩部。

娜梅莉亚·沙德 | "沙蛇"

娜梅莉亚造型中的多恩风格文胸细节图。
鞭子在腰带上。

蓝礼·拜拉席恩

拜拉席恩族人大多严肃，接近史塔克家族的性格。拜拉席恩家族的长子劳勃（马克·艾迪饰）尽管登上了铁王座，内心却仍是一名军人，他宁愿披革战斗，也不愿穿精致的皇家服饰。劳勃的兄弟史坦尼斯（斯蒂芬·迪兰饰）也是个务实的人，他的盔甲做工精良，但这并不代表他喜欢炫富。我还为拜拉席恩家族服饰加入了大量黑色元素，因为拜拉席恩的家徽是一只金色田野上的黑色雄鹿。三兄弟中最年幼的蓝礼（格辛·安东尼饰）是唯一的例外，他对外表十分挑剔，是目前为止最时髦的拜拉席恩族人。蓝礼受情人洛拉斯·提利尔怂恿，在劳勃死后争夺王位。为了增加胜算，蓝礼娶了洛拉斯的妹妹玛格丽，但两人不曾真正结合；蓝礼的心只属于洛拉斯。

设计蓝礼的造型时，我想突出他与两个兄长的不同，同时强调他和洛拉斯之间的深厚情谊。蓝礼的盔甲就是这份感情的最佳证明。他和洛拉斯一样身着板甲衣——只不过，他的板甲衣被改为一件覆着绿色天鹅绒的灰绿色束腰皮衣，搭配皮裤、手套和靴子。盔甲正面还挂着装饰性坠布，给人一种仔细搭配过的感觉。尽管造型带有金色，我仍觉得不必使用拜拉席恩配色。蓝礼是个与众不同的人，他的服饰也充分表明，比起拜拉席恩他更有提利尔家族的气质。不过，蓝礼的金色王冠的灵感确实来源于拜拉席恩雄鹿，我还为蓝礼和他的士官设计了一种独特的头盔，头盔饰有凸出的鹿角，再次融入了家徽元素。

顶部图　蓝礼·拜拉席恩（格辛·安东尼饰）身穿盔甲，头戴鹿角冠。
下图　蓝礼和情人洛拉斯一样身着板甲衣——只不过，他的板甲衣被改为一件覆着绿色天鹅绒的灰绿色束腰皮衣。
对页图　米歇尔·克莱普顿绘制的概念草图展示了蓝礼盔甲造型的演变。

蓝礼·拜拉席恩

顶部图　蓝礼的金色头盔饰有凸出的鹿头，致敬拜拉席恩家徽。

下左图和下右图　鹿角也是蓝礼王冠的标志性特征。

对页图　蓝礼·拜拉席恩（格辛·安东尼饰）的盔甲上挂着装饰性坠布，突出了他的搭配意识。

史坦尼斯·拜拉席恩

史坦尼斯（史蒂芬·迪兰饰）是一位本领高强的战士，曾为兄长劳勃征战，对抗伊里斯·坦格利安，但劳勃没有注意到史坦尼斯的牺牲奉献，反而奖赏蓝礼。冷酷无情的史坦尼斯无法原谅兄弟的轻视，他会抛开自己的原则，不惜一切代价追逐权力。

我想把史坦尼斯的造型与蓝礼彻底区别开来，因为他已经和弟弟闹翻了。史坦尼斯基本上只穿黑色服饰。他的盔甲按照我在研究中找到的波斯铠甲设计，由链甲制成，贴有镀锡板。史坦尼斯的外套连着镀锡板边缘，盖住了链甲，但没有遮住他的个人徽章。那是一颗被烈焰吞没的红心，中间画着一只雄鹿。女祭司梅丽珊卓保证将他送上王座，史坦尼斯便盲目拜倒在她脚下，换上了这个徽章——它为史坦尼斯的盔甲增添了丰富的视觉内涵。

左图　史坦尼斯的棕色饰钉皮带、佩剑和剑鞘细节图。

右图　史坦尼斯一向不苟言笑，服饰基本采用灰色调和黑色调。

对页图　米歇尔·克莱普顿绘制的史坦尼斯黑色盔甲和斗篷概念草图。

左图 史坦尼斯的盔甲由链甲制成，贴有镀锡板。镀锡板内衬皮革，穿着更舒适。

上右图 史坦尼斯采用了自己的专属徽章，自豪地把它印在胸甲上；徽章烈焰红心中的宝冠雄鹿。

下右图 史坦尼斯的腰带饰有拜拉席恩雄鹿。

对页图 史坦尼斯·拜拉席恩（斯蒂芬·迪兰饰）身着黑色斗篷，斗篷扣在肩部，盖住了盔甲。

戴佛斯·席渥斯

戴佛斯·席渥斯（利亚姆·坎宁安饰）外号"洋葱骑士"，曾是一名走私犯。劳勃反叛期间，史坦尼斯也加入战争，戴佛斯给史坦尼斯的军队送来了一批洋葱，拯救了濒临饿死的史坦尼斯和下属。他对史坦尼斯忠心耿耿，直到这位发已花白的王位继承人在夺取临冬城的惨败中丧生。戴佛斯是个务实的人，性格坚忍，脚踏实地；他并不富有，却仍然骄傲。我为他设计的服装都是深而朴素的大地色调——灰色、棕色、绿色和黑色，全部使用绒面革、皮革和布料制成。戴佛斯严格说来是名骑士，着装却像个平民，只穿一件简单的棉布衬衫，外面套一件系带紧身上衣，下面穿着和紧身上衣配套的裤子，再加一件斗篷来保暖。他的造型变化不大，但他最后几季住进绝境长城和临冬城时，我给他换上了更厚的斗篷，用北境传统的皮革交叉绑带固定。

走私岁月给戴佛斯留下的唯一纪念，就是他挂在脖子上的小荷包，里面装着他的四根手指。史坦尼斯砍掉它们来惩罚戴佛斯的走私罪行，戴佛斯则把指骨贴身佩戴，随时提醒自己遵守法律。我设计荷包时加了点小细节，把它做成了一只对半切开的洋葱形状，露出层层葱肉。

上图　戴佛斯·席渥斯爵士（利亚姆·坎宁安饰）严格说来是名骑士，却宛如平民，身着深而朴素的大地色调服饰。

对页图　戴佛斯（坎宁安饰）脖子上挂着一只小荷包，荷包状似对半切开的洋葱。

梅丽珊卓

梅丽珊卓（卡里斯·范·侯登饰）是一名高阶女祭司，她信奉火神拉赫洛，即"光之王"召唤黑魔法来协助盟友。由于人们称她为"红袍女"，造型设计自然围绕红色展开，但我们必须找到合适的红色。橘红色一经演员卡里斯漂亮的白皮肤衬托，会过于偏向暖色，我便为她选用了色调更冷、颜色更深的红色。

梅丽珊卓的礼服设计和瑟曦第一季的和服式长裙类似，仅靠一条系带固定。梅丽珊卓用性欲操纵史坦尼斯，所以我想把她的身体开放给史坦尼斯，就像瑟曦早期要向劳勃国王献媚一样。我还为她设计了一件衬里羊毛斗篷，斗篷的披肩领很大，能拉起来把头裹住，在长途跋涉时更为舒适。斗篷布料宽大，褶形精致——她站定时，斗篷只是直直垂下来；她骑马时，斗篷便盖住马身，随风翻腾，把马背上的梅丽珊卓衬托得威风凛凛。我们为她制作了五件不同的斗篷，有的内衬毛皮，为卡里斯拍摄时保暖，挺过贝尔法斯特漫长的寒夜。

左图 梅丽珊卓和服式长裙和几何图案项链细节图。
右图 梅丽珊卓和服式长裙和项链全视图。
对页图 梅丽珊卓（卡里斯·范·侯登饰）一身红衣。

梅丽珊卓

上图　梅丽珊卓和服式长裙和项链的备选概念草图，米歇尔·克莱普顿绘制。
对页图　梅丽珊卓和服式长裙由印花纺绸制成，领口为深"V"形，仅用一根带子系在腰部。

梅丽珊卓

对页图　概念草图展示了斗篷套在红色和服式长裙外面的样子，米歇尔·克莱普顿绘制。

右图　梅丽珊卓（卡里斯·范·侯登饰）把红色斗篷穿在长袖礼服外面，以便遮风挡雨。

上左图和下左图　梅丽珊卓斗篷的正背视图。

梅丽珊卓

我们了解到，梅丽珊卓的项链是她长生不老的秘诀，便把它定为梅丽珊卓造型设计的重点。我设计了一种状似蜂窝的几何图案，中间嵌有一颗红色宝石。但不需要那种闪闪发亮的红宝石；它会暴露项链的秘密。梅丽珊卓的魔法更古老、更神秘，石头也必须更加暗沉，贴近土色，好似未经切割的红宝石。最终，我们用树脂仿制宝石，做出了相似的外观。我们自己动手染布才能控制服装配色，同理，我们亲手为梅丽珊卓的项链制作宝石，才能让它完美呈现出我们想要的效果。

我为剧中角色设计的所有首饰都在呼应剧情，梅丽珊卓的项链更是无比关键。项链成为梅丽珊卓身体的一部分，也是魔力的主要来源——戴着项链的她永葆青春，失去项链的她烟消玉殒。项链是梅丽珊卓故事线的焦点，必须成为她独一无二的装饰。

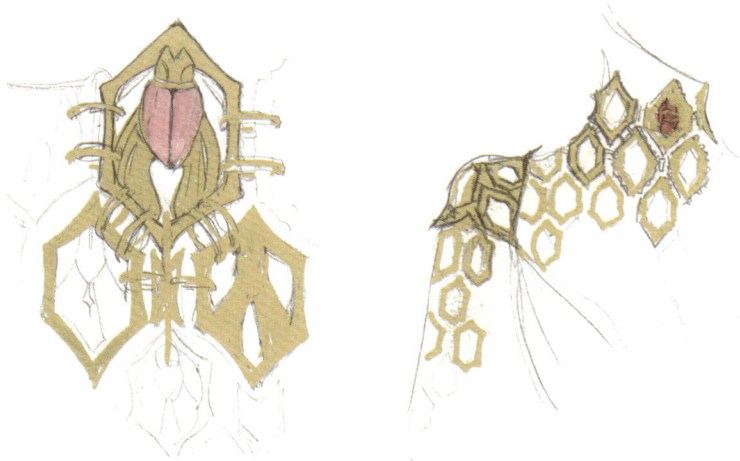

顶部图　梅丽珊卓的大号项链饰有重复的几何图案，中心嵌着土红色宝石。
中图　梅丽珊卓（卡里斯·范·侯登饰）佩戴着大号项链。
下图　米歇尔·克莱普顿绘制的草图详细说明了项链的金属条如何相互连接，延伸过肩部。
对页图　底部较大的项链饰有一枚徽章，状似被火焰吞没的心脏。

詹德利·拜拉席恩

詹德利（约瑟夫·戴浦西饰）是劳勃·拜拉席恩唯一幸存的私生子，他在君临底层恶劣的环境中长大，乔佛里登上王位后，兰尼斯特家族开始处决劳勃的私生子，他便逃离了首都。之后，詹德利与艾莉亚·史塔克一同被俘虏，被囚在赫伦堡为奴。詹德利在赫伦堡打铁，这是他在君临当学徒时学到的手艺。

在剧中，詹德利大多数时候都要隐瞒劳勃之子的身份。然而，詹德利的饰演者约瑟夫十分帅气，我们只好用服装设计解决这个问题，让观众相信詹德利不会引人注目。经过对铁匠服饰的研究，我设计了一套适合穿着打铁的衣服。詹德利身着厚棉布制成的抽绳背心，外面套一件皮革紧身上衣，既能隔热又不会妨碍工作。他还穿着皮革臂甲和厚厚的绒面革围裙，以防被炽热的金属烫伤。他看起来就是一个普通的工匠，穿着打扮完全不像一个有资格登上铁王座的人。

左图　詹德利的衣服用腰带扣住。
右图　詹德利的皮围裙能防止他被打铁产生的热气烫伤。
对页上左图　詹德利（约瑟夫·戴浦西饰）另戴皮革臂甲作为防护。
对页上右图　铁匠造型全身图，重点展示皮革围裙和靴子。
对页下左图　詹德利皮革紧身上衣正面系带细节图。
对页下右图　詹德利铁匠造型后视图。

3 ｜ 坦格利安家族及效忠者

坦格利安家族及效忠者

坦格利安家族对七大王国的统治长达几个世纪，但《权力的游戏》一开始，坦格利安王朝就已覆灭。韦赛里斯（哈里·劳埃德饰）和丹妮莉丝（艾米莉亚·克拉克饰）的父亲是被废黜的"疯王"伊里斯·坦格利安，他们幸存下来，四处流亡。效忠坦格利安家族的人把他们送到东部城市潘托斯，只盼坦格利安家族光复王朝。韦赛里斯是我设计坦格利安家族服饰的起点，尽管他注定只是小角色，而丹妮莉丝将成为本剧核心人物。我想突出坦格利安家族的皇室血统，展现他们凶猛残暴、不屈不挠的天性和对权力无法抑制的渴望。坦格利安家族的家徽——黑底上的三头红龙，成了我设计坦格利安造型最重要的灵感来源。

与维斯特洛其他的大家族不同，坦格利安家族起源于古老的瓦雷利亚文明，瓦雷利亚位于维斯特洛东边的厄斯索斯大陆，文化与西方截然不同，这里盛行近亲通婚，贵族则养龙杀敌。韦赛里斯没有龙，因此需要用服饰撑起气势。我为他设计了一件气场强大、充满军国主义色彩的服装，全部使用黑色调和红色调。我选用了具有龙鳞质感的面料，还给他的紧身上衣装饰了一枚巨大的坦格利安家徽。我想表现出，韦赛里斯仿佛在通过家徽向世界呐喊，他的血统必须受人尊敬。

韦赛里斯服饰配色夸张，与坦格利安家族的标志性体征——白皙的皮肤和白金色头发对比之下，格外引人注目。这套造型指明了日后丹妮莉丝的设计方向。但丹妮莉丝在游历厄斯索斯多年、聚集了足以征服七大王国的兵力之后，才开始走坦格利安风格。我希望她的服饰受沿途文化的影响而演变；我觉得她每到一处都会借鉴当地元素，融会贯通，形成自己的风格。在丹妮莉丝追寻自我期间，这些地方文化对她的人格塑造起到了重要作用。

我为厄斯索斯大陆每个地区的服饰都设计了详细外观，而且每种服饰都与厄斯索斯温暖的气候相配。我最初迎来的挑战是为"多斯拉克"游牧骑兵设计服装。多斯拉克人来自厄斯索斯的草原，是个傲慢而凶悍的战斗民族，男性常穿适合骑马的衣服。为了设计他们的造型，我不但研究了非洲人和美洲原住民的服饰，还观察了现实世界游牧民族在马背上的穿着和配饰。譬如，多斯拉克人的靴子就按照阿富汗骑兵几个世纪以来所穿的靴子设计。慢慢地，我根据多斯拉克人的生活环境，设计出了他们可能会穿的造型。

在我的想象中，战士杀死小动物后会把毛皮

第320-321页　丹妮莉丝·坦格利安的服饰颜色有多种蓝色调和银色调：（左图起）配有打褶纺绸下摆的长裙；丹妮莉丝的顾问兼密友弥桑黛所穿的绑带服装细节图；丹妮莉丝在魁尔斯穿的金属紧身胸衣；丹妮莉丝在私人住所中穿的一件剪裁暴露的连衣裙。

对页图　丹妮莉丝·坦格利安多斯拉克造型的备选方案草图。米歇尔·克莱普顿绘制。

底部图　米歇尔·克莱普顿为多斯拉克领袖卓戈·卡奥绘制的造型纪念草图。

穿在身上，女人则用毛皮搭配她们用植物织成的衣服。多斯拉克人把这片"青草之海"视为家园，这些植物就生长在平原上。我把多斯拉克人的服饰设计成自然原始的颜色，象征他们与土地紧密连结，但我也设定，在特殊场合，他们会用奇石碾碎制成的蓝色颜料装饰自己。大草原一片荒凉，只有棕色和绿色的草木，蓝色若闪现其中，视觉效果就更加强烈。

魁尔斯、阿斯塔波、渊凯和弥林等城邦的服装均由各式丝绸和亚麻布制成，基本没有西方常用的厚羊毛和皮革。受乔治·R.R.马丁的原著启发，我最初为魁尔斯女性设计的长裙会露出一只乳房，但这种造型过于荒谬，还会占据观众的注意力。于是，我们换用太阳褶丝绸制成连衣裙，

饰以重复的金色丝网印花，印花图案取自矗立在城邦入口的精雕大门。我们还给裙子制作了花纹配套的黄铜肩衬和黄铜腰带。

剧中，丹妮莉丝与魁尔斯的商会巨头相遇。为突出商会成员两面三刀的本性，我给他们设计了双面大衣。衣服正面由染色印花丝绸制成，饰有宝石做成的昆虫。我想打造出布料正被飞蛾和甲虫蚕食的效果——这隐喻着魁尔斯内部的衰败腐朽。而大衣背面要么是亚麻布，要么是粗麻布，毕竟正面光鲜即可。这些人凡事都只做个样子，冠冕堂皇背后往往丑陋不堪。魁尔斯从荒芜的沙漠中拔地而起，却那样生机勃勃，在我看来就是海市蜃楼。因此，我想把魁尔斯服饰也设计得表里不一，仿佛一个彻头彻尾的谎言。

另外，阿斯塔波、渊凯和弥林的奴隶主聚集在"奴隶湾"地区，他们的长袍用上等丝绸制成，配色有各种蓝色、绿色和金色，十分飘逸。为了展现财富和地位，奴隶主用长条丝绸串起沉甸甸的黄金圆盘，打成复杂的结扣，固定在长袍上。他们还佩戴面部珠宝，譬如饰有珍稀宝石的链条。有些奴隶主的造型十分简单，用丝绸绕着演员身体裹一圈，别紧固定便可，这种服饰碍手碍脚，

和马丁在书中描写的"托卡"长袍一样，乃故意为之。毕竟，穿长袍的人去哪里都有奴隶抬轿，不必考虑服装是否便于行动。

而奴隶都被迫戴上皮项圈，穿颜色暗沉的衣服，时刻不忘自己地位卑贱。奴隶湾的阶级差距触目惊心，但随着丹妮莉丝到来，奴隶主的统治走向了终结。

第324-325页　米歇尔·克莱普顿绘制的系列概念草图展现了奴隶湾各民族服饰：（对页）魁尔斯居民服饰；（上）渊凯居民服饰，最左为贤主服饰；（中）弥林人服饰。

丹妮莉丝·坦格利安

从手无寸铁的弃儿到令人闻风丧胆的暴君，丹妮莉丝（艾米莉亚·克拉克饰）的戏剧性转变是全剧最夸张的反转之一。我很清楚，她的造型必须象征着不同的人生阶段。首次出场时，丹妮莉丝是个年轻漂亮的女孩，任由兄长凌虐，观众根本想不到她最终的模样。韦赛里斯能把丹妮莉丝嫁给任何一个助他登上铁王座的人。在他眼中，丹妮莉丝的肉体是她唯一的价值。他给丹妮莉丝穿的衣服也反映了这一点。

丹妮莉丝的首套造型源于我为君临人设计的服饰。无论商人、女仆还是妓女，只要是君临城角色，都能穿这种款式。它由筒状布料挂在绳子上制成，布料沿着重磅真丝或厚棉布做成的绳子打褶，用重圆盘固定在后腰。衣服面料根据穿衣者的社会地位变化，可以是美丽的丝绸，也可以是简单的棉布，还用不同的悬挂方式来进一步表明身份。我想，韦赛里斯会照着幼时在君临看到的款式，托人给丹妮莉丝制作类似的裙子。

丹妮莉丝的第二件连衣裙完全透明，肩部饰有象征坦格利安家族的龙头别针。这件"观赏裙"的设计显得她赤身裸体——她只是一件商品，被卖给多斯拉克人的首领卓戈卡奥（杰森·莫玛饰），以换取卓戈的大军。

左图　韦赛里斯·坦格利安（哈里·劳埃德饰）身着象征坦格利安家族的黑红配色服饰。

上右图　丹妮莉丝（艾米莉亚·克拉克饰）穿的长裙不过是一个丝绳挂起的布筒，由一个重物固定。

下右图　韦赛里斯（劳埃德饰）给妹妹丹妮莉丝（克拉克饰）穿上剪裁暴露的衣服，他看重丹妮莉丝，只因她的身体能换来利益。

对页图　丹妮莉丝（克拉克饰）的"观赏裙"用一对龙头别针固定。

　　卓戈一旦残暴则相当残忍：在稍后的剧情中，他将熔化的黄金从韦赛里斯头上浇下，活活烫死了他，但同时他也对丹妮莉丝表现出了极大的尊重和善意。我为他们的婚礼设计了一件由浅银灰色金属面料制成的礼服，在胸部和臂章上绘有银龙图案。我希望这件礼服看起来像月亮的颜色，因为卓戈称丹妮莉丝为"我生命中的月亮"。当脱下时礼服会展开，就好像卓戈正在打开一件礼物。

上图　嫁给卓戈时，丹妮莉丝（艾米莉亚·克拉克饰）身着饰有龙元素的淡银灰色吊带裙。
对页图　丹妮莉丝（克拉克饰）婚服造型的手臂和胸前饰有金属龙，致敬坦格利安家徽。

丹妮莉丝走进多斯拉克部落，开始适应"卡丽熙"的新身份。在这里，"卡丽熙"相当于"王后"。丹妮莉丝换上一件棕色皮革和绒面革制成的基本款多斯拉克服饰，迈出了融入部落的第一步：我为她设计了一件编织挂脖吊带衫，还有一条穿在皮裤和皮靴外面的低腰裹身下摆——她长期跋涉，必须穿实用的衣服。最终，丹妮莉丝在维斯·多斯拉克域的集市买了一件龙皮纹理上衣；这是她首次在保留多斯拉克的元素同时，做出打造个人风格的尝试。我还给她的服饰悄悄添上几抹蓝色，象征她对卓戈深切的爱意。

然而，卓戈在战斗中负伤身亡，彻底扭转了丹妮莉丝的人生轨迹。她伤心欲绝，搭起柴堆为丈夫举行火葬。接着，她抱着三只龙蛋化石披着婚纱踏入火焰，在卓戈的遗体旁坐下。大火之后，她奇迹般重现在众人面前，裙子被烈焰吞噬，身体却毫发无伤。过去的丹妮莉丝——被兄长迫害，受男人摆布的丹妮莉丝——就此焚尽。她于灰烬中重生，光荣成为三条幼龙的母亲。随着丹妮莉丝与它们的联结愈发紧密，我为她的服饰加上了更加突出的龙形图案。

左图　嫁给卓戈·卡奥后，丹妮莉丝（艾米莉亚·克拉克饰）换上了多斯拉克风格服饰。
右图　丹妮莉丝的多斯拉克风格服饰由皮革和绒面革制成。
对页上左图　丹妮莉丝常在外衣下面穿裤子和靴子。
对页上右图　丹妮莉丝的编织挂脖吊带衫饰有一枚圆形金属别针。
对页下左图　丹妮莉丝的上衣和下摆用系结门襟固定。
对页下右图　丹妮莉丝的定制靴子因长期穿着而磨损。

　　丹妮莉丝动身前往魁尔斯，为她的一小撮追随者寻求庇护。丹妮莉丝决心夺回铁王座，但她知道，发动政变之前必须集结一支军队。初次来到这个高墙下的城邦，丹妮莉丝就迷上了魁尔斯风格：她穿着由打褶纺绸制成的绿松石色连衣裙，配一条宽大的蕾丝金属腰带。

上左图　丹妮莉丝（艾米莉亚·克拉克饰）首件魁尔斯服饰后视图。
下左图　木制草底鞋与连衣裙的绿松石色面料呼应，完善了整套造型。
右图　这件低胸礼服饰有金属元素，灵感源于魁尔斯城门的设计。
对页图　丹妮莉丝魁尔斯造型服饰的面料与魁尔斯城中女性的服饰风格一致。

丹妮莉丝·坦格利安

概念草图展现了胸衣的演变过程。

上图　丹妮莉丝在魁尔斯穿着金蕾丝紧身胸衣，米歇尔·克莱普顿绘制的
概念草图展现了胸衣的演变过程。
对页图　细节图重点展示装饰性紧身腕衣环抱连衣裙肩部和胸线之处。

丹妮莉丝·坦格利安

左图 丹妮莉丝（艾米莉亚·克拉克饰）身着金属紧身胸衣和淡蓝色魁尔斯男式外套。

右图 丹妮莉丝用多斯拉克皮裤搭配胸衣和外套。

对页左图 金属紧身胸衣上的蕾丝装饰细节图。

对页右图 后视图细节显示，胸衣盖住了肩膀，但背部有所袒露。

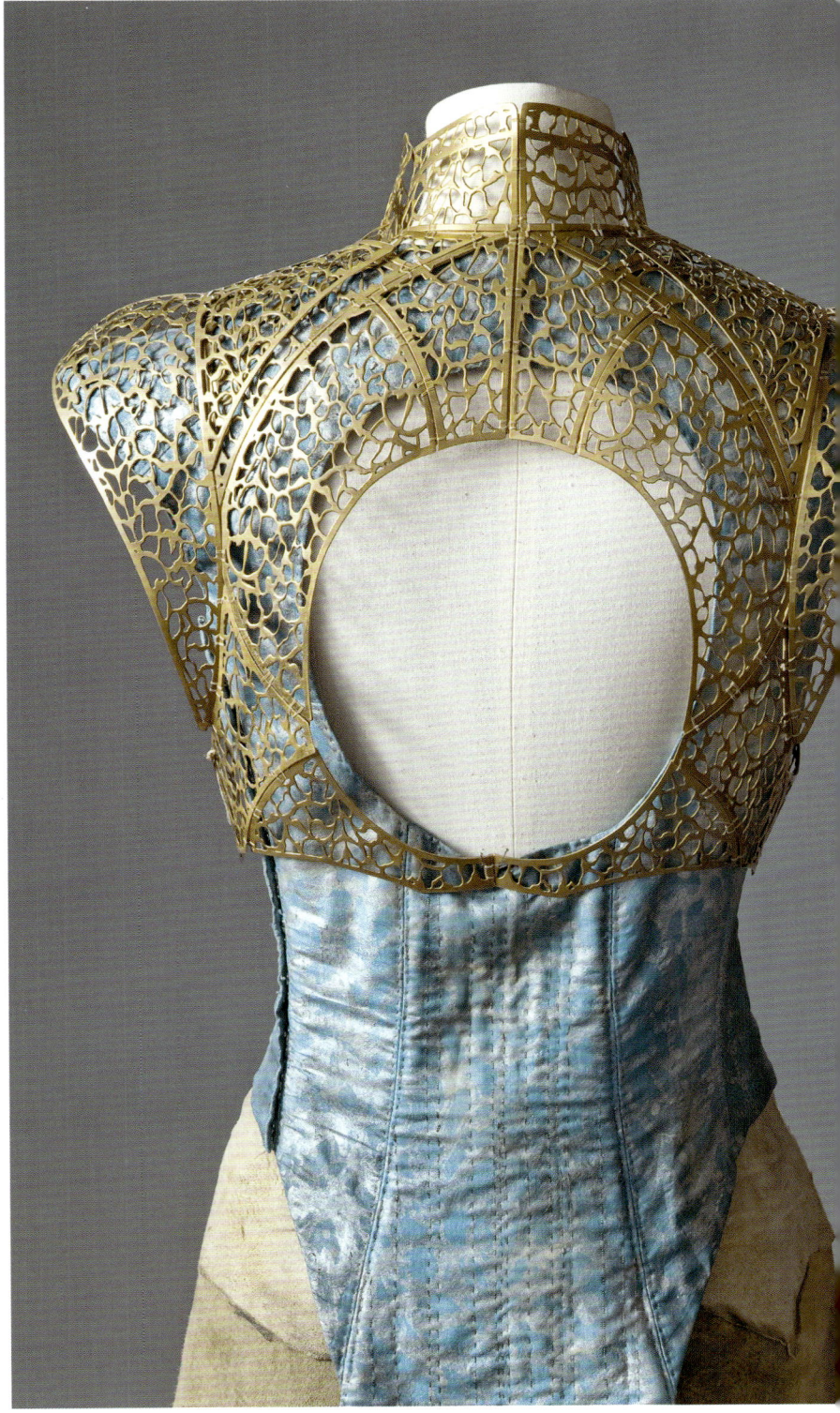

337

丹妮莉丝·坦格利安

然而，丹妮莉丝意识到魁尔斯的统治权掌握在男性手中后，就立马改变了自己的风格。我想通过服装表现出她正在尝试不同的服装，直到找出得体而具有威严感的造型为止。一开始，她穿着多斯拉克风格服饰，外面套上金色蕾丝紧身胸衣，接着，她又换上棕色的皮革紧身胸衣，搭配淡紫色魁尔斯男式上衣和她的多斯拉克风格下摆。最后，她穿回金色紧身胸衣，内搭金属鳞片镶边的淡蓝色魁尔斯男式外套，再配上她那条实用的多斯拉克风格皮裤，出现在镜头面前。她的造型开始向统治者靠拢。

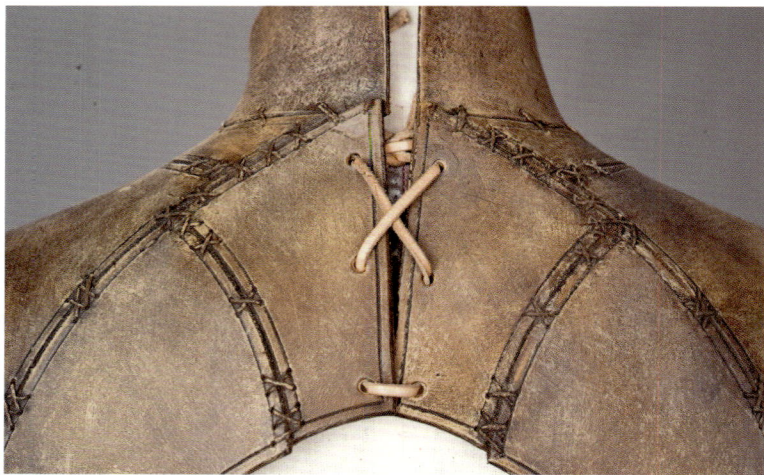

下右图　在魁尔斯，丹妮莉丝（艾米莉亚·克拉克饰）还穿着棕色皮革紧身胸衣，内搭淡紫色魁尔斯男式外套和多斯拉克风格下摆。
上右图　紧身胸衣顶部系带后视细节图。
左图和对页图　这套造型略似盔甲，代表丹妮莉丝人生中的一个过渡阶段。在这个阶段，她才刚刚发觉自己的力量。

丹妮莉丝从魁尔斯出发，来到阿斯塔波。她在此和年轻的翻译弥桑黛（娜塔莉·伊曼纽尔饰）一起解放了"无垢者"。在奴隶湾，丹妮莉丝身穿一件蓝色斗篷，一件蓝色无袖长裙。我们在裙子上添加了龙鳞状的刺绣。还为她设计了一条铜环项链，项链两端各挂有一个龙爪装饰。项链没有扣环，不能锁在脖子上，因此龙爪装饰品还起到一个保持平衡的作用。这样的设计让项链随时有可能掉下来，但我很喜欢因此带来的一种不确定性。这套搭配上的所有元素不仅投射出女性之美，同时包含力量感。丹妮莉丝一身蓝色，这是多斯拉克人的神圣之色，表明卓戈仍然对她的生活影响深远。

中右图　在丹妮莉丝来到奴隶湾，开始攻城略地，招兵买马时，她开始穿蓝色或白色的衣服。蓝色代表她对卓戈的爱，也代表着卓戈对她的影响。
下右图　丹妮莉丝在阿斯塔波的着装，刺绣细节是为了让裙子上半部分看起来有龙鳞质感。
左图　内搭一件白色纺绸百褶裙。
对页图　我们用一条龙爪项链搭配丹妮莉丝在阿斯塔波的着装。项链主体由穿孔铜环相扣而成，两端各有一个龙爪状吊坠，维持平衡。

丹妮莉丝·坦格利安

在拥有一支军队之后，丹妮莉丝前往临近城市渊凯。在与使节的会面中，她希望展示出自己对"无垢者"的掌控力。因此在此次会面中，我为她穿上了一件简单的白色长裙，只有脖子处戴上了一个象征性的金属项圈——这是有意为之的，为了模仿"无垢者"的制服衣领。

随后丹妮莉丝攻占了弥林，占据了大金字塔内部的寝宫，自她离开潘托斯之后这是她第一次真正意义上有了自己的"家"。至此我开始在她的服装上做出区分，在公众场合的服装更为正式，在私人领域的服装更为柔和，透露她不为人知的一面。在私密场合，丹妮莉丝不用太过执着于权威，她能够自在做自己。在寝宫中和雇佣兵达里奥·纳哈里斯（米希尔·赫伊斯曼，艾德·斯克林饰）共度一夜后，她的着装就体现了这一点。

顶部图　丹妮莉丝穿了一件白色长裙，搭配金属项圈，以体现她对"无垢者"的掌控力。图中出现的人物还包括（从右起）：乔拉·莫尔蒙（伊恩·格雷饰）、巴利斯坦·赛尔弥（伊恩·麦克尔希尼饰）、灰虫子（雅各布·安德森饰）、弥桑黛（娜塔莉·伊曼纽尔饰）以及渊凯贤主之一，格拉兹旦·莫·厄拉兹（乔治·乔治欧饰）。
对页图　米歇尔·克莱普顿设计的奴隶领长裙初稿。

顾问乔拉·莫尔蒙前来觐见她的时候，丹妮莉丝穿着这件长裙。莫尔蒙爵士对丹妮莉丝有着狂热而执着的爱。然而我希望当丹妮莉丝穿上这件衣服的时候，他能明白一切。丹妮莉丝不用明说，她的衣服已经替她开口了——丹妮莉丝和另一个男人发生关系了。这件服装由纺绸制成。肩膀处加上了皮革以撑开纺绸，还添加了刺绣装饰。这件衣服难度很高——毕竟身体大面积裸露，在面料缺乏的情况下还要保证立体性，着实是个挑战。

这件衣服也是丹妮莉丝着装的一个转折点，主要是在颜色方面——这是她最后几次穿蓝色衣服了。在那之后她的着装更偏好灰白色，表明她进入了人生的新阶段，更加与人疏远了。当她穿上浅色调的服装时，似乎从环境中分离开了。外面城市街道嘈杂烦扰，暗流涌动，意图破坏她的统治的人在悄悄行动，但隐匿在金字塔里的丹妮莉丝和这些都无关。

右图　在寝宫中和达里奥度过一夜后，丹妮莉丝穿着一件大面积裸露的长裙。
左图　这件长裙由纺绸制成，肩膀处的纺绸加了皮革以固定造型。
对页图　这件衣服由于减去了太多面料，要让它保持外形对我们来说真的是个很大的挑战；蓝边上添加了很多的刺绣细节，让衣服更为完整了。

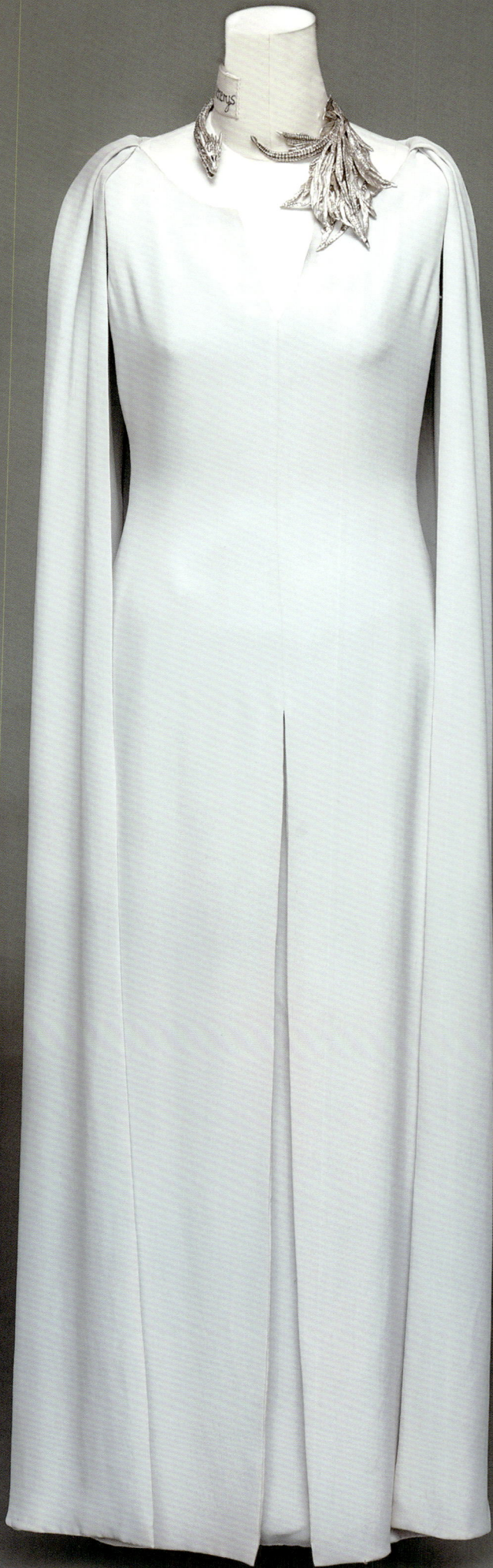

在弥林奴隶竞技场，我为丹妮莉丝设计的这件衣服上，这种反差更为明显。虽然她关闭了竞技场，解放了奴隶，但是出于安抚政敌的考量，她又重新开放了竞技场。在这时候，我为她设计了一件鸽灰色砂洗绸长袍，V字领口。这可能会让人感觉微微有点暴露，但实际上还是很保守的一件服装。我想表达的是：丹妮莉丝希望自己稍具诱惑力，但一切仍尽在她的掌控。我为这套服装设计的搭配首饰是一条银质龙状项链，这十分引人注目。这是为了致敬丹妮莉丝挚爱的"孩子"以及她的家族。这条项链的模样好似一条安然躺在她脖颈间的巨龙——这条项链实际上根本没有闭环或者搭扣。丹妮莉丝的首饰总给人一种雕塑感，象征着她的力量，我很喜欢这一点。

右图　丹妮莉丝穿着鸽灰色长袍来到弥林的竞技场。
左图　砂洗绸的材质让整件衣服看起来十分流畅，特点是衣领处剪开了一个V字领。
对页顶部图　龙身项链本没有闭合成圈或者搭扣。这件沉甸甸、貌似雕塑的首饰是整套服装的焦点。
对页下左图　服装后视图。
对页下右图　丹妮莉丝戴着龙身项链。

在弥林的竞技场，丹妮莉丝遭遇刺杀，这些蒙面刺客被称为"鹰身女妖之子"，不过她还是乘龙逃出生天。随后她获得了将军队运送至七国的舰队。至此丹妮莉丝在弥林的故事画上了句号。在她乘船前往维斯特洛大陆时穿的这件衣服很重要，这标志着她蜕变路上的又一个里程碑。在征服奴隶湾时她已经证明，对敢于反抗她的人她绝不手软。为了暗示她内心不断滋生的阴暗面，服装色调也逐渐暗沉下来。我们还尝试逐渐将她的服装向红黑色靠拢——这是坦格利安家族的代表色。这件"航海裙"由煤灰色丝绸制成，V字领前有金属搭扣，肩膀处的金属装饰起到突出作用，也暗示了她的决心和冷酷。这件衣服和她在竞技场所穿的服装有点类似，但力量感更强。

中图　丹妮莉丝与提利昂、弥桑黛一同乘船前往维斯特洛，身着一件煤灰色长裙。

下左图　这件长裙的肩部处添加了龙鳞状的金属细节，看起来有点像军服肩章。

下右图　肩膀处的刺绣和金属装饰细节图。

对页图　这件长裙的下摆部分比之前丹妮莉丝在奴隶湾所穿的长裙更短，毙看见她穿的靴子和裤子。

丹妮莉丝到达维斯特洛大陆的第一站是龙石岛，这也是从前坦格利安家族的领地。我为她在这一时段设计的服装是一件毛皮衬里的大衣，颜色深灰，甚至于偏黑色。我选用有特殊鱼鳞状花纹的丝绸，在特定光照下，看起来甚至像龙鳞。肩膀处挂了一块红色带褶纺绸披肩，由一个银质龙头胸针和链条固定，这是为了彰显她的身份地位。我认为她需要一件展示力量与意图的饰品，要具有一定的重量。因此在链条的设计上采用了三头龙样式。现在丹妮莉丝带领着一只庞大的军队——由"无垢者"和多斯拉克人组成，因此在穿着上她必须表现得更像一个军事领导人。

对页图　米歇尔·克莱普顿为丹妮莉丝登陆维斯特洛所设计的服装初稿。

上右图　初来到维斯特洛时，丹妮莉丝身穿一件煤灰色大衣，看起来颇有指挥官风采。

中左图　后视图。

下左图　三头龙链节细节图。

下右图　这件毛皮衬里的大衣表面有折线花纹；肩膀处向外撑开，更具有指挥官气场。

351

丹妮莉丝·坦格利安

　　在丹妮莉丝邂逅雪诺之后，她短暂地搁置了对铁王座的追求，为了从夜王及其军队手下拯救生者，她加入了对抗夜王的战争。当琼恩在长城外遇险的时候，丹妮莉丝奇兵突降，这一无私之举以一条她深爱的龙的生命为代价。在这一时段我想让丹妮莉丝看起来更显奇幻色彩。所以我为她设计了一件白色条纹毛皮大衣，这件大衣也成了丹妮莉丝的代表服装。选择白色是因为白色象征纯洁。而她营救琼恩的原因也十分简单：她爱上了琼恩。这件服装给我的总体感觉还带有一点浪漫，丹妮莉丝穿上它是因为想被人注意到。当然也很有实际意义，毕竟穿上确实很暖和。袖子处的花纹可能大家都没注意到，但对我来说，我看到这个花纹会想起异鬼，可能是为了表明丹妮莉丝也能够做到像夜王和他的几个副官一样，冷酷而令人生畏。

上图　丹妮莉丝穿着她标志性的白色条纹毛皮大衣和提利昂·兰尼斯特走在一起。
对页图　这件大衣的面料实际上是帆布衬底上堆叠皮草条。

这件大衣实际上是在帆布衬底上堆叠皮草条制成的。在衣服上部选用的皮草绒毛较短，越靠近衣摆处绒毛越长。我希望大衣整体呈现一个明显的沙漏型，加宽肩膀以凸显演员本身的细腰。在身前，她还斜挎着那件银质三头龙链条。为了补充整件搭配本身的浅色调，我设计了一双浅灰靴子。

我觉得衣服背面应该保留一定的长度，这样当丹妮莉丝穿上这件衣服乘龙飞行的时候效果一定很棒。在脊椎处我还加上了一些细节，看起来就好像龙脊背一样。在最后一季中，丹妮莉丝再次穿上了这件白色条纹毛皮大衣，但白色下透着大量的血红色——这预示着她将为了王位而不惜杀戮。

左图　细节图，能看到织物表面的条纹实际上由皮革和皮草交替制成。
右图　大衣后视图，能看到下摆是长短错落的，因此从后方看起来这件衣服会更长。
对页图　衣服后背处的细节是为了模仿龙脊背。

355

随着时间推移，丹妮莉丝最终的风格发生了巨大的转变，她穿的都是简单的，稍有质感的红黑色服装。我给她搭配的服装都有很明显的侵略感，慢慢向韦赛里斯靠拢。我希望她在最终季的这种转变是渐进的——丹妮莉丝自己都没有意识到，她在慢慢变得像哥哥一样，以至于最终，她的着装完全变成了另一个韦赛里斯。她的最终季服装看起来十分严肃——一件深黑色的大衣，面料上蚀刻出龙鳞模样。她将自己完全包裹在黑色中，死亡的颜色，也代表着她一路走来所遭受的一切，从一个天真无知的少女到复仇心切的女王。

左图　在第七季中，丹妮莉丝开始穿一些更强硬、更有军事风的着装，比如她在龙石岛会见琼恩·雪诺所穿的这一件。
上右图　穿着坦格利安家族的代表色，丹妮莉丝看起来令人不寒而栗。
中右图　细节图，红黑色的龙石岛服装上别着龙头饰针。
对页上左图　龙首铰链在另一件服装上的展示，丹妮莉丝穿着这件服装在龙石岛的洞穴中会见了琼恩·雪诺。
对页下左图　龙石岛洞穴套装的后视图，能看出丹妮莉丝的着装变得更具有攻击性了。
对页右图　这件衣服的正面下摆处剪开了口子，能看到内部的百褶纺绸裙。

丹妮莉丝·坦格利安

Metal Scales on Shoulders

Armor on Sleeves

Metal Scales set into Seams

Real coat Fur interior

上图　米歇尔·克莱普顿为丹妮莉丝在第八季设计的条纹毛皮大衣，特点是肩膀处的鳞片和上臂处的盔甲，不过后来这个方案被放弃了。

对页上左图　白色毛皮的背后露出坦格利安红色，这预示着丹妮莉丝即将血洗君临。

对页上右图　红色的"血"渗入白色皮草之间，视觉效果很震撼。

对页下左图　细节图，白色皮草大衣搭配红色披风。

对页下右图　丹妮莉丝穿着这件红白相间的毛皮大衣。

丹妮莉丝·坦格利安

左图　这件衣服很好地体现了第八季丹妮莉丝的个人风格，血红色的大衣，内搭一件黑色百褶裙，自从临冬城之战后丹妮莉丝就这样穿。

右图　大衣的肩膀边缘处有黑色的刺绣细节，整件衣服的质感也是有意模仿龙鳞的。

对页左图　后视图。

对页右图　细节图、大衣和内部的百褶裙在腰部处相接。

第362-363页　这件大衣是第八季丹妮莉丝在君临城门同瑟曦谈判时所穿。与她标志性的毛皮大衣风格相似，但红色元素更多。

丹妮莉丝·坦格利安

第366-367页 一些未使用的丹妮莉丝最终季服装设计概念图。可以看到白色或黑色的长袖礼服的腰部和肩膀有十分显眼且大胆的红龙装饰。

对页（上左图） 红色斗篷系在银龙环状领针上；

（上右图及下左图） 礼服后视图；

（下右图） 丹妮莉丝和提利昂在一起，浅色礼服暗示丹妮莉丝和她盟友们的关系日益紧张。

第366-367页 从左图起顺时针 当丹妮莉丝进攻君临城，即将登上铁王座时，她身穿一件皮质军装大衣，看起来十分具有侵略性，很像她哥哥穿的那件，这也代表着她身上的塔格利安特征达到顶峰；后视图；丹妮莉丝穿着她攻击君临时所穿的全套服装；皮质上印出龙鳞图案，更强化了整体"龙"的主题。

弥桑黛

弥桑黛（娜塔莉·伊曼纽尔饰）出生于一个名为纳斯的小岛上，不过早期她大部分时间都位于阿斯塔波，在一位富有的奴隶主手下担任翻译。在她刚出场时，弥桑黛被主人强制要求穿着一些暴露的服装。不过在重获自由之后，她的穿着更为考究，显示出她的自信。弥桑黛与生俱来的智慧和善良在之后对丹妮莉丝大有脾益。不幸的是，在故事的结尾，弥桑黛以最高的代价向丹妮莉丝——她的女王——展示了自己的忠心。

我为弥桑黛设计的第一套服装主要围绕她的皮项圈展开。作为一个奴隶，那是她被迫戴上的。她的长裙由一条条金色和沙漠色丝绸手工缝制拼接而成，再系在衣领上的金属环处。裸露大片肌肤，这是为了和阿斯塔波的服装风格相匹配。不过这也时刻提醒人们她卑微的身份——应主人的要求，弥桑黛的身体实际上也是件展览品，她对自己穿什么完全没有掌控权。

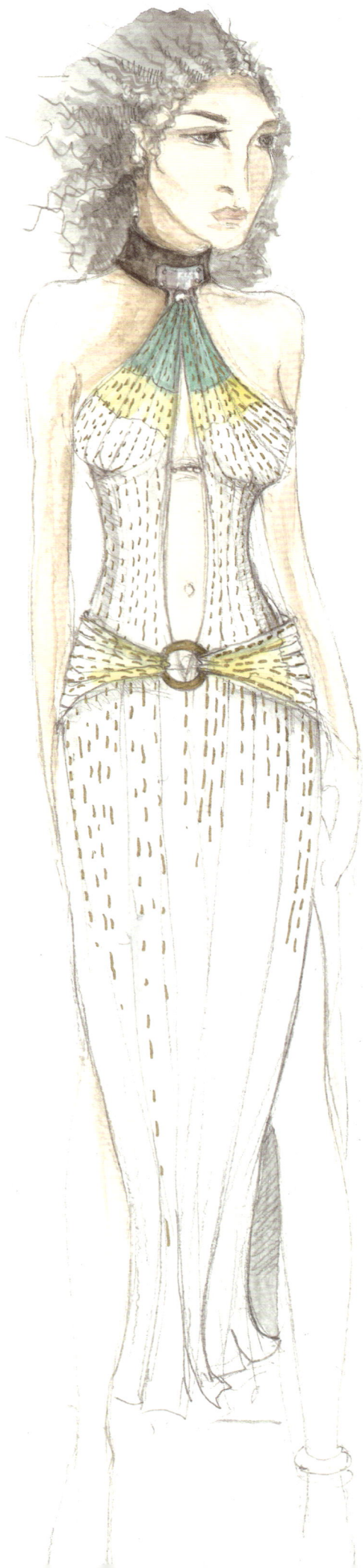

左图 弥桑黛穿着一件淡蓝色砂洗绸长裙。
右图 弥桑黛奴隶时期服装的概念设计图，包括项圈和金属细节。
对页图 弥桑黛的蓝色礼服搭配一双多色编织平底鞋。

自从被丹妮莉丝解放后，弥桑黛就不再是过去那个温驯，卑躬屈膝的奴隶了，她开始用服装表达自己。弥桑黛的穿衣风格深受丹妮莉丝的影响。她们两人的风格是互补的，而她们身着的裙装廓型相似，这一点又强化了两人之间的联系。我为弥桑黛设计了一件淡蓝色砂洗绸长裙，脖子处有一个绕颈吊带。弥桑黛穿这件衣服会搭配一双颜色较丰富的编织平底鞋。我为她加上了一条金属腰带，因为我个人比较喜欢强烈的对比——坚硬的金属托住柔软的薄纱。我想要表达出弥桑黛的人物性格：她的内心是坚毅不屈的。

中右图　后背镂空蓝色长裙的后视图。
下右图　细节图，蓝色织物和金属衣领连接在一起。
左图　腰带使这件富有流动感的挂脖裙装更为有型。
对页图　细节图，柔软的砂洗绸长裙与坚硬的龙鳞金属腰带（象征对丹妮莉丝的忠诚）形成了对比。

　　当弥桑黛和丹妮莉丝一同前往弥林时，我为她准备的服装与丹妮莉丝相呼应。当弥桑黛陪女王去城市的竞技场时，我给她穿了一件蓝色皮革上衣和一条散褶丝绸裙，这也与丹妮莉丝穿的款式一致。皮革表明弥桑黛的造型正变得更具武装意味，但裙子的柔软面料和服装的暴露剪裁表明她仍然相当脆弱。我喜欢精巧的百褶丝绸，能给人一种不敢轻易触摸的感觉。如果衣服湿了，或者温度过高，又或者受到磨损，褶皱就会慢慢褪去。但无论怎样，用这种打褶的丝绸仍然是值得的，它能让服装带上几分出尘的气质。

左图　弥桑黛（娜塔莉·伊曼纽尔饰）穿着一件蓝色皮革上衣和一条丝绸的百褶裙，这时她是丹妮莉丝在弥林期间的助理。
右图　在这期间，弥桑黛和丹妮莉丝二人的服装风格是一致的，或者说是互补的。
对页上左图　为了展现她的忠诚，弥桑黛的项链垂饰是被银龙环绕着的水晶。
对页上右图　细节图，上衣的蕾丝绑带。
对页下左图　弥桑黛弥林套装的后视图。
对页下右图　细节图，皮革与柔软的丝绸形成对比。

弥桑黛

在丹妮莉丝遭遇刺杀后，弥桑黛不再穿着往常的亮蓝色，换上较深色的服装，这是为了表明她与"无垢者"的指挥官，灰虫子（雅各布·安德森饰）越来越亲近。她穿了一件蓝黑色的皮制紧身胸衣和一条更短的裙子，这样她的靴子也露了出来，从她的服装中我们能看出，她变得更为坚定、自信了。当她到达北境时，弥桑黛不再穿长袍。相反，她穿的是一件花边紧身上衣和一根交叉的皮带搭配皮裤。她的服装必须要适应北境的寒冷气候，但我也想让她穿和丹妮莉丝和灰虫子一样的灰色和黑色，以加强她与这两个角色的深度联系。

中左图　在与丹妮莉丝一同前往维斯特洛的路上，弥桑黛的着装添加了许多盔甲的元素，例如一对皮革手臂盔甲。
下左图　细节图，弥桑黛的缠龙水晶坠饰搭配上航海套装。
右图　较短的皮革紧身上衣和短裙使得弥桑黛看起来平添了几分攻击性。
对页上左图　后视图。
对页上右图饰　铆排列成菱形。
对页下左图　后视图细节图，从中可以看到宽皮带用了双层搭扣，以及裙子顶部的绑带。
对页下右图　刺绣龙，表明了弥桑黛对于丹妮莉丝的忠诚。

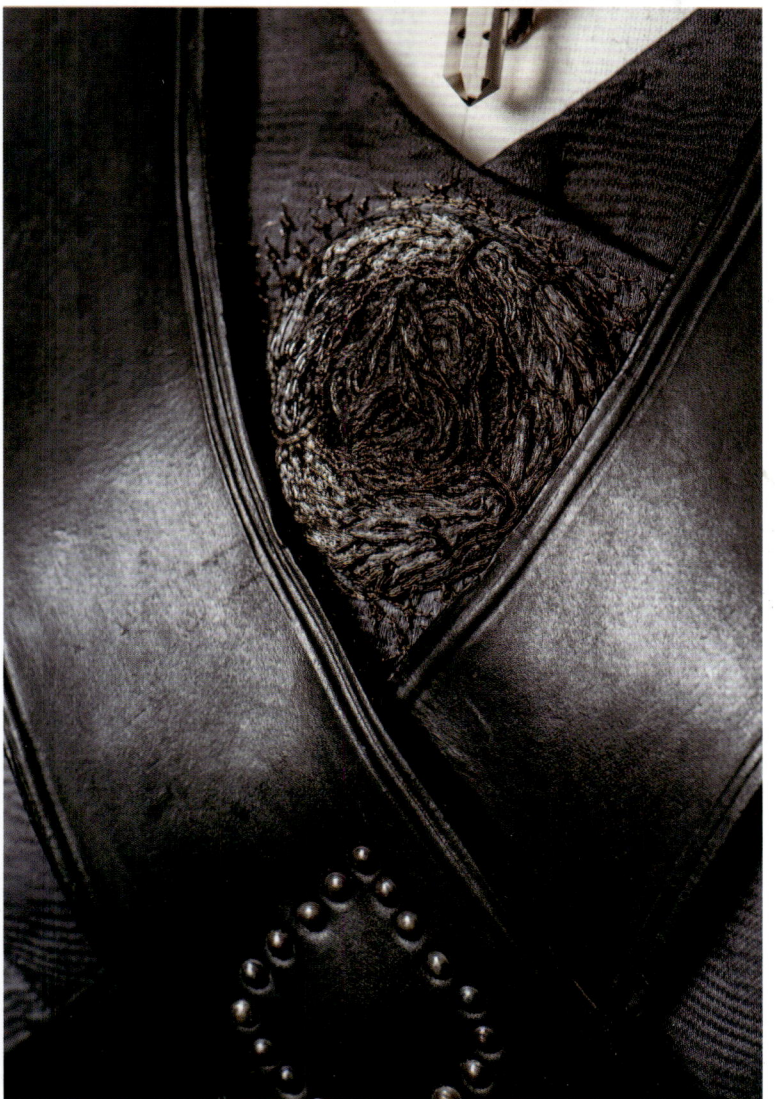

　　弥桑黛最后一套服装上装饰着一枚巨形胸针，这是丹妮莉丝为她最亲近的人定制的一枚银制胸针，三条龙首尾相接，盘成一个圆圈。我认为丹妮莉丝希望人们不断地提醒她，她的支持者对她是忠诚的，所以我喜欢让他们佩戴首饰来表示对她的忠诚。弥桑黛直到生命的最后一天都佩戴着她的胸针，她不仅是丹妮莉丝的忠实支持者，也是她最亲密的朋友。

对页左图　在维斯特洛，弥桑黛穿着一件长款外套，蕾丝固定的上衣部分肩膀突出。
对页右图　后视图，可以看见装饰性的银灰色披风。
中左图　弥桑黛所佩戴的"忠诚胸针"。
中右图　弥桑黛穿着交叉式的皮革绑带，搭配有胸针装饰。
下图　弥桑黛和瓦里斯（康勒斯·希尔饰），提利昂（彼得·丁拉基饰），丹妮莉丝（艾米莉亚·克拉克饰）和灰虫子（雅各布·安德森饰）站在一起。

378

灰虫子

灰虫子来自气候温暖的盛夏群岛，他在很小的时候就被强征入"无垢者"部队。"无垢者"是一支由阉人组成的队伍，他们被剥夺了自己的身份，被训练得无坚不摧。丹妮莉丝在阿斯塔波将"无垢者"从他们的主人手中释放，而灰虫子被推举为军官，效忠于他的女王。

"无垢者"的服装设计花了很长时间，因为众多"无垢者"演员身高体型不一，我必须要让他们穿上后看起来整齐划一。为了让士兵们肩膀更宽，腰部更细，我设计了一件结实的皮革紧身上衣，在胸部饰有铆钉，它包裹着演员的身体，然后用带子紧紧地系在一起，扣好。除此之外，我们还把注塑的皮革护肩甲加到紧身上衣里以撑大肩膀轮廓，实现了我们想要的效果。在我看来这件制服和昆虫的外骨骼相似，都是为了保护穿着者免受外界的伤害。闪耀的蓝黑色灵感来自昆虫甲壳。

在乔治·R. R. 马丁的书中有专门的描述，"无垢者"的头盔顶部有尖刺。我保留了这些细节，并参照16世纪到18世纪的印度盔甲设计了头盔。我还在头盔上加上了遮挡战士面孔的板片，我觉得这样让他们看起来更凶恶，还强化了他们"没有名字"的特点。

在我想象中，当丹妮莉丝前往维斯特洛时，她会为"无垢者"，包括灰虫子的制服添加新元素。她热爱并尊重她的军队，希望他们为寒冷的气候做好准备。因此我给他们换上了厚重的棉质亚麻布外衣、镶有金属铆钉的裤子和靴子——都是深灰色的。灰虫子也戴着象征忠诚的龙纹胸针，即使他的女王向君临倾泻烈焰，他仍然忠诚于她。他将继续率领"无垢者"，一直走到最后。

右图　灰虫子在维斯特洛的制服，可以看到紧身上衣和裤子表面有很多的皮革和铆钉。
对页上左图　灰虫子的靴子有一个搭扣。
对页上右图　特写图，灰虫子的皮革上衣上的铆钉以及忠诚胸针。
对页下左图　后视图，能看到衣领和皮带。
对页下右图　灰虫子穿着深色的制服，和这一时期弥桑黛和丹妮莉丝的服装相呼应。

灰虫子

第380-381页　米歇尔·克莱普顿绘制的手稿图，灰虫子的服装演变。

乔拉·莫尔蒙

乔拉·莫尔蒙（伊恩·格雷饰）是一个失意的流亡骑士，他无疑是一个悲剧式的人物——尽管深爱着丹妮莉丝，但却从没有得到过想要的回应。但他一直恪守对丹妮莉丝的誓言。在丹妮莉丝的婚礼上二人初相见时，他的穿着打扮仍然是北境风格，一件系带长袖紧身上衣，里面一件抽绳短袖衫，搭配一条长裙和带有斜肩带的斗篷，一身棕色。我还为他加上了一块印有熊图案的黄铜圆盘，这是他的家徽。虽然看起来有些简陋，但我很喜欢这个设计，因为他总得有点对家族的寄托之物。乔拉给我的感觉是他是一个多愁善感，但又忠贞不二的男人。他对自己被驱逐出北境感到羞愧，心里一直怀念着家乡。

随后，乔拉作为丹妮莉丝的顾问和翻译，一路伴随丹妮莉丝。在这期间，他的穿着明显就更东方化了。他穿了一件亚麻布长袖衬衫来搭配他的北境裙。这件衬衫的颜色不同寻常，既不是黄色也不是奶油色，而是一种褪色的赭色。乔拉经常敞开衬衫，手腕上挂着小饰品。我还在他的脖子上系了一条蓝色的织物，象征着他对丹妮莉丝日益加深的爱慕。在某种程度上，他看起来像一个雇佣兵——他的打扮便于活动，穿中性的颜色，这意味着他并不一定效忠于某个家族。乔拉过着流浪的生活，就像雇佣兵一样，所以对他来说，造型太多是不现实的。因此，我希望他的人物形象在整个故事中保持不变。

左图　乔拉·莫尔蒙穿着他的褪色赭色衬衫。
右图　乔拉在第二季的着装兼具了维斯特洛和厄斯索斯的风格。
对页上左图和对页上右图　细节图，他的黑色皮带和剑鞘上有金属装饰。
对页下左图　乔拉的装扮有几分像雇佣兵。
对页下右图　在温暖的时节，乔拉会把他的抽绳衬衫领口敞开。

乔拉一直藏着一个秘密——他为劳勃·拜拉席恩监视丹妮莉丝，并报告她的一举一动。当丹妮莉丝发现了他的背叛之举，便放逐了乔拉。但他还是成功返回了丹妮莉丝身边继续效忠于她。在龙石岛，他加入丹妮莉丝的队伍，应丹妮莉丝的命令前往北境执行无比凶险的任务，这时他的着装势必发生极大的变化。想必这时他已经为这趟旅程专门置办了一些物资，所以我设计了一件用上蜡棉纱做的外套，里面衬着毛皮保暖——它裁剪得很好，而且比他的同伴们的衣服轻一些，便于行动。他的靴子上系着毛皮和布料，这是抵御严寒的又一层保护。

左图　在塞外跋涉的时候，乔拉·莫尔蒙穿着这件上蜡棉纱，毛皮衬里的外套。

中右图　旅行中乔拉会把他的大衣用皮带扣紧。

下右图和对页图　这件大衣配有两条腰带，都是皮革材质的。

乔拉·莫尔蒙

乔拉从长城外回来后，继续忠诚地为丹妮莉丝工作。我想为他设计一件新盔甲，将传统的北境款式与雇佣兵风格结合起来——以服装体现他过往生活经历的全部。我选择用黑色皮革和黄铜制作这身服装，这与"无垢者"在北方所穿的盔甲相呼应，但同时也让乔拉显得与众不同，显得更独立。我还给了他一件温暖的皮大衣，可以系在肩膀上，挂在身后，这样他就可以活动自如了。他在临冬城战役中穿的最后一套服装，让他看起来像一个重生的贵族，一个勇敢的骑士，准备为他所爱的女人牺牲自己的生命。

上图 临冬城之战中，乔拉·莫尔蒙（伊恩·格雷饰）遇见了自己年轻的表妹莱安娜·莫尔蒙（贝拉·拉姆齐饰）。
对页图 乔拉身穿一件黑色皮革和黄铜盔甲，浴血奋战，保护丹妮莉丝。

瓦里斯

里斯（康勒斯·希尔饰）是七国最强大的情报头子，对于他来说玩弄权术似乎是一种本能。他也被称为"蜘蛛"或是"情报总管"。他曾服侍拜拉席恩家族、兰尼斯特家族和坦格利安家族，但他的忠诚永远只属于王国的主人。

瓦里斯出生于东边一个名叫里斯的小岛上，这座岛以毒药和妓院闻名于世。因此我认为要从瓦里斯的服装上表明他来自君临之外一个遥远的异邦城市。瓦里斯的人生经历也和君临的那些人物大不相同——他小时候曾落入一个巫师手中成了阉人，因此我为他设计的服装风格都比较奇特。都是些宽松的丝绸长袍，包裹着他的身体，系法类似和服。衣袖长且宽，能够藏起他的手臂——我很喜欢这一个设计，就好像瓦里斯能够藏起他所有的秘密一样。我为这件长袍设计的搭配是一件编织衬衣，一条长裤和一双长靴。在服装上我们使用了大块非常夸张的图案。毕竟在剧集一开始，瓦里斯不用向任何家族展示他的忠诚，因此我们在为他选择织物方面没有受到太多限制。

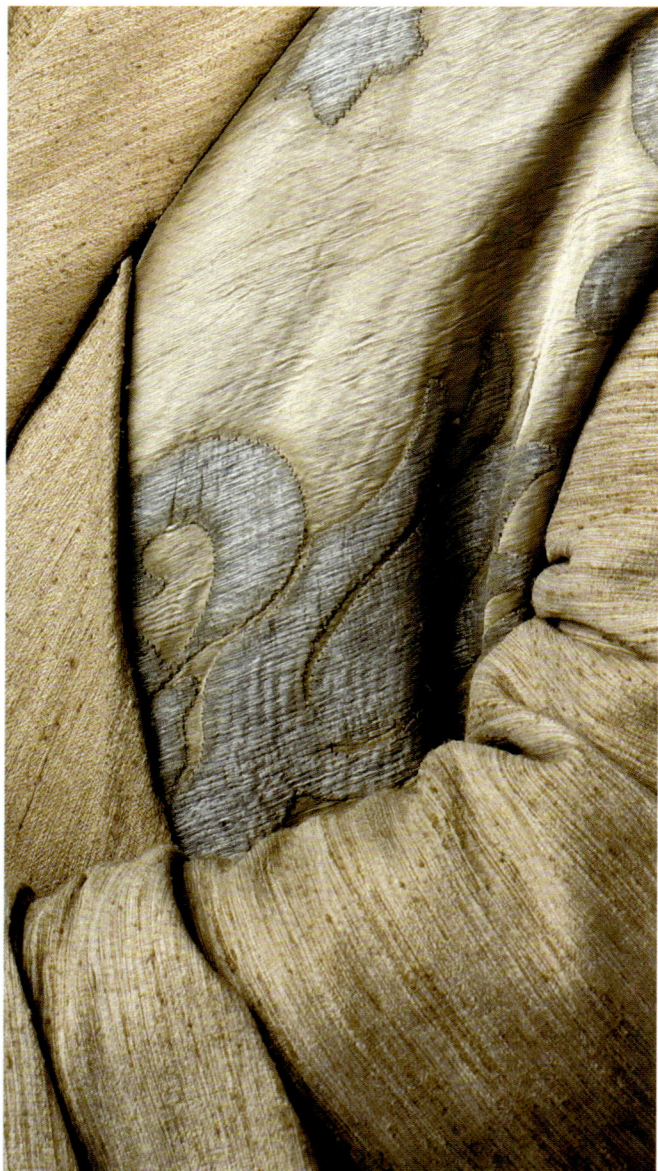

左图　瓦里斯（康勒斯·希尔饰）穿着一件丝绸长袍，身体包裹得严严实实。

右图　衣服上的图案十分大块醒目，也有很多的刺绣细节。

对页图　长袍的设计有照顾到瓦里斯的习惯动作——双手插入长袖中。

瓦里斯和提利昂·兰尼斯特一起被流放，二人最终找到了丹妮莉丝并担任她的顾问。当瓦里斯和丹妮莉丝一同回到维斯特洛时，他的穿着风格和之前并无太大改变，只是稍有层次感了——我们把他的袖子收窄，在腹部缝了个小口袋，方便他双手插兜。选用的面料更厚重了些，在衣边处加上了龙鳞花纹的织物，是为了表示对丹妮莉丝的忠诚。整体的服装色调偏暗，是为了与丹妮莉丝势力的服装总体保持一致。在北境，他基本采用了坦格利安风格，穿着厚羊毛和皮革的衣服，以应对寒冷的气候。但是他的外表总是具有欺骗性，当他知道有另一个坦格利安族人对王位有更合理的继承权时，他立刻背叛了丹妮莉丝，而这会让他付出生命的代价。

左图　在最终季，瓦里斯的服装颜色变得更深了，这是坦格利安及其支持者所偏好的颜色。
中右图　瓦里斯穿着坦格利安服饰。
下右图　三龙首尾相接的图案，印在在瓦里斯腰带后背处。
对页图　瓦里斯的坦格利安服饰是由厚羊毛制成的，上面有特殊的龙鳞图案。

4 ｜ 绝境长城及塞外

Mirella Clampton

绝境长城及塞外

　　这座高耸建筑已经屹立了万世，它被称作"绝境长城"。长城保护着七国免受广袤无垠的蛮荒之地的侵袭。只有最强壮的动物才能在维斯特洛最北端生存，这是一个变幻莫测的冰雪世界，刺骨的寒风吹过极北地区。为了给生活在这种极端环境中的人物设计服装，我研究了地球上一些最寒冷地区的服装类型，如阿拉斯加北部和西伯利亚。我选择用皮革、皮草和动物皮毛来制作服装，因为这些材料能提供最好的保护——事实上，它们可能是生活在该地区的人们唯一可用的材料。

　　我的第一个任务就是为守夜人军团设计服装，守夜人是一个驻扎在长城边的修道兄弟会。这个组织也曾辉煌过，著名的家族会派他们的次子去服役，但在本故事一开始的时候，这个组织的成员数量急剧下降，只有几百人还驻扎在前哨基地，也就是黑城堡。大多数新兵都是从君临押送的罪犯——在此服役就是他们受到的惩罚，他们犯的罪从小偷小闹到严重得多的罪行都有。当一名新兵入会时，他要宣誓终身效忠，即"穿黑衣"。守夜人会在宣誓后穿上黑色衣服以示对该组织的承诺。

　　由于组织人数减少，在我的想象中守夜人的服装应该是这样的：士兵们在黑城堡院子的一个大锅里染衣服，染料是别人捐赠的，颜色淡了就再加，颇为随意。因此我设计的衣服都是黑色、深棕色或墨绿色的服装，这样不同色系的服装就会稍有差别。我很喜欢这样，因为当守夜人士兵站在一起时就能看出来大家的衣服虽然都是黑色调，但其实是稍有不同的——毕竟他们的染色过程并不是很讲究。

　　每件服装的面料也不尽相同，因为我认为出身卑微的人会穿着轻便、破旧的衣服，不适合寒冷的天气。相比之下，那些主动前往长城的显赫家族的人，或是那些背景较差，但已经在长城生活了一段时间的人，则会穿着皮甲，披着肩部有厚毛的披风，并戴着高领以抵御寒风。然而，守夜人的兄弟们穿着同一套装束干活、吃饭、睡觉，因此总体来说，他们的服装看起来都又脏又粗糙。

　　在长城以外的广袤寒冷的未知土地上，也生活着许许多多截然不同的种族，我必须要为他们设计各具特色的服装：野蛮的部落，他们被称为"野人"；身形高大的巨人；古老的森林生物，他们被称为森林之子。当然还有一直伺机而动的夜王和他的手下们，这些邪恶的生物想将这个世界拖入永久的寒冬。为这些截然不同的"人物"，包括活人和尸鬼，寻找一个统一的设计理念着实很难，但我在这途中设计出了我设计生涯中最有创造力的作品。

第392-393页　在维斯特洛大陆最北端住着人类以及其他生物，图中是他们的服装，从左至右依次为：夜王、巨人、野人战士和琼恩·雪诺。
下图　米歇尔·克莱普顿绘制的概念图，图中为一支自由民部落，他们被称为瑟恩人。
对页图　米歇尔·克莱普顿绘制的概念图，是一个长城以北的巨人。

琼恩·雪诺

琼恩·雪诺（基特·哈灵顿饰）在临冬城长大，他的表面身份是艾德·史塔克的私生子，实际上他是一个坦格利安人，他是铁王座的合法继承人。雪诺的故事从临冬城开始，然后到了长城，后来又到了长城以北，可以说他就是这种极寒环境造就的。在我的想象中，穿着黑色皮革和皮草应该会让雪诺感觉很舒服，这些有机的材料能够帮助他和环境融为一体。

当我设计琼恩的第一套服装时，我希望他看起来像一个不被爱的儿子。艾德·史塔克的妻子凯特琳非常不喜欢琼恩，因为他总是让人想起她丈夫的不忠，而我给他穿的衣服也传达了凯特琳对他的感觉。他穿着传统的北方风格，在深棕色长袖紧身上衣和裤子下面穿一件系带衬衫。但当罗柏·史塔克穿上和父亲类似的皮衣时，琼恩的服装却是用亚麻布和碎布制成，这表明他没有受到很好的照顾。他的披风边用兔毛修饰了，但和其他人相比也比较单薄。故事一开始，琼恩是一个相当愤懑的年轻人，阴沉而忧郁，他身上的灰色和炭黑比史塔克家族的其他成员都要深，这反映了他的心理状态。

琼恩主动请求前往长城，与他的叔叔班扬·史塔克（约瑟夫·毛尔饰）会合。班扬是守夜人军团的资深成员，也是艾德的弟弟。当琼恩到达黑城堡时，他穿着黑色软垫皮甲和临冬城的披风，披风是用宽松的亚麻布做的，被风吹动时很好看。我认为保留原来的斗篷是个明智的选择。尽管他和凯特琳的关系不太好，但他很爱他的父亲和同父异母的兄弟姐妹，他想要一个纪念品来纪念他和他们在一起的时光。

上图　琼恩·雪诺（基特·哈灵顿饰）穿着平民的服装来到黑城堡，和他一起的有同一批加入守夜人的派普尔（约瑟夫·阿尔京饰）、山姆威尔·塔利（约翰·布莱德利饰）和葛兰（马克·斯坦利饰）。

对页图　琼恩·雪诺（基特·哈灵顿饰）穿着他标志性的黑城堡套装，包括一件用绑带交叉固定在胸前的厚重斗篷。

班扬在长城外失踪后，琼恩自愿前去寻找他，但是他被野人捕获并被强行留下来和他们生活在一起。在这期间他逐渐与这些自由人建立起了关系并开始尊重他们，包括曼斯·雷德，这是一位命运多舛的野人领袖。因此我为他设计的服装暗示了他内心的分裂。他穿着一件毛皮衬里的野人大衣，可以抵御积雪，但在外套下面，他仍保留着他在黑城堡时穿的那件软皮大衣。表面上，他似乎是部落的一员，但在内心深处，他仍然忠于守夜人。

在整个系列中，我有意让琼恩的造型保持一致。他经历了那么多，也确实有所成长了，但他的造型不一定要发生大的变化。所以，我为他设计的许多服装都与他的守夜人装束或他在长城以北冒险时所穿的野人服装大致相似。只有当他在

黑城堡的日子结束后，他的服装才会真正开始改变。在被暴乱的守夜人士兵杀死后，琼恩被梅丽珊卓复活。复活后，他就从守夜人军团中解脱出来。和珊莎一起将临冬城从拉姆斯·波顿手中拯救出来之后，他继承了北境之王的头衔——他的兄弟罗柏·史塔克曾短暂拥有的头衔。

我觉得在琼恩夺回临冬城后，我们会看到他以非常传统的史塔克形象出现——穿着一件深棕色的皮制长款紧身上衣，外加一件厚重的毛皮斗篷，并用斜肩带固定住。斗篷让他的形象看起来更为沉稳，这也代表着家族的重担，代表着他对艾德和罗柏的责任。你可以看到他在强烈的责任感下挣扎。在龙石岛的坦格利安城堡遇见丹妮莉丝后，两人坠入爱河，这时，他发现自己在对北境的责任和对丹妮莉丝的感情之间左右为难。

左图　在最后一季的第一集中，琼恩·雪诺（基特·哈灵顿饰）穿着一件系带紧身皮上衣，外面披着一件厚重的斗篷，斗篷领子处有大块皮草，皮带交叉在前胸固定。
右图　这件斗篷的皮草领大而下垂，让琼恩看起来有点像艾德·史塔克。
对页图　琼恩·雪诺穿着野人服饰。

琼恩·雪诺

当琼恩来到龙石岛时，我们能看到他穿上了一件新的作战服。我为他穿上了一件棕色的拼接紧身上衣，还有镶有铆钉的皮革和金属板铠甲，铠甲上醒目地装饰着两只面对面的史塔克家冰原狼。后来他出发前往长城以北，准备抓一个夜王的士兵。在这次任务中，我为他设计了一件稍显不同的衣服，一套以曼斯·雷德的服装为模板设计的服装。琼恩很欣赏它，当然这件衣服也很实用。但在最后几季大部分的时间里，他几乎是只穿那件史塔克盔甲。我想，看着琼恩明知自己的真实身份是伊耿·坦格利安——铁王座的合法继承人，却依然明确使用史塔克家族的家徽，大概会很有趣。而这一个惊天秘密对他的影响远不止

于此，还使他和丹妮莉丝的关系产生裂痕，毕竟琼恩会威胁到丹妮莉丝的统治。

尽管琼恩再三承诺自己会忠于丹妮莉丝，但在目睹了丹妮莉丝屠城后，他还是背叛了丹妮莉丝。他认为丹妮莉丝会对七国造成巨大的威胁，因此在二人拥抱的时候，琼恩持刀刺穿了丹妮莉丝的身体，不让她再滥杀无辜。最终他被判再次在守夜人军团服役。对于他的终场着装，我认为，应让琼恩看起来正处在他最阴沉的时刻，身穿守夜人的黑色以反映他内心的哀伤，这样是非常合适的。当他进入黑城堡的时候，身后的斗篷随风飘动，让人再次回想起来他最初的模样。兜兜转转，他去而复返，只是此刻不同往昔，满载悲伤。

左图 这是琼恩在临冬城之战和在君临城刺杀丹妮莉丝时所穿的服装。整套造型由铆钉皮革和金属盔甲制成，包括一件刻有两只冰原狼的胸甲，是为了纪念史塔克家族。
右图 在长城外执行任务时，琼恩的服装以野人领袖曼斯·雷德的服装为模板。
对页图 最终琼恩被流放到黑城堡，再次穿上了那件熟悉的守夜人制服。

左图　在第七季和第八季琼恩所穿的盔甲以及厚斗篷。

上右图　后视图，从中可以看出皮草从肩膀处一直垂落到后背处。

下右图　琼恩的佩剑，长爪，剑柄上有一只冰原狼头装饰，眼睛发红，牙齿裸露。

对页图　细节图，金属前胸甲上蚀刻有两只双生冰原狼。

山姆威尔·塔利

琼恩·雪诺最亲密的朋友山姆威尔·塔利（约翰·布拉德利饰）是个性情温和、聪明的年轻人，他的父亲是一名严厉的军事指挥官，他把他送到了长城。由于山姆来自一个有名望的家庭，他来到黑城堡时穿着御寒的衣服，穿着一件厚厚的棉服，可以在极端温度的环境下保护他。他也有一件斗篷，我们从家具店购买了羊毛地毯拼接了几件，他就有其中一件。为了让地毯看起来久经风霜，我们的服装部门特地把它们撕成碎片，打上蜡，然后加上皮带把它们变成斗篷。

山姆在守夜人军团服役期间，服装始终没有改变，毕竟，这些人每天都穿着同一件衣服，因此没有必要更改他的造型。但是自从他离开黑城堡，和学士一同学习的时候，我就为他设计了一套大不相同的服装。学士是一个由学者、药师和历史学家组成的团体。学士们是一群博学的人，他们没有什么物质追求，只有一点点财富。他们的地位可以从他们脖子上戴的链条的节数上直观地表现出来。每个链环由不同的金属制成，风格也各不相同，以表示其佩戴者的专业领域。他们还穿中性色调的简单长袍，宽大的风帽环绕肩膀披下来，可以在旅行时充作兜帽戴。

对页图　山姆威尔·塔利（约翰·布拉德利饰）穿着守夜人制服，有一件羽毛样的长袍，野人甚至还因此称他为"乌鸦"。

上左图　山姆（布拉德利饰）和琼恩（哈灵顿饰）穿着还未立下守夜人誓言前就带到黑城堡来的服装。

下左图　为山姆（布拉德利饰）和其他几位守夜人制作斗篷的服装原料是家具店购买的羊毛毯。

右图　在斗篷之下，山姆（布拉德利饰）穿着一件厚厚的羊毛上衣抵御寒冬。

山姆威尔·塔利

当山姆在学城学习时，他穿着一件柔软的亚麻长袍，看起来好像是用大麻或其他天然材料织成的。颜色比较温暖，我认为这反映了他平易近人的性格。他的袍子用扣衣针来固定，这通常是一枚胸针或别针，固定在衣服的右肩，可追溯至中世纪，我在凯特琳·史塔克的一些服装上也用过这种胸针。他还有一条腰带，简单地打了个结。我觉得，用这种不寻常的方式系腰带，表明山姆有能力从非传统的角度来处理问题，能看到其他人可能看不到的答案。

当山姆和琼恩在北境重聚时，他又穿回了之前守夜人的服装。这件服装是由黑色绗缝皮革制成的，厚重的北境风格毛皮镶边披肩用斜肩带系紧。很适合寒冷的气候，整体的外观凸出了山姆和琼恩之间的深厚友谊。不过，在剧集的最后，山姆被选为布兰国王的大学士，他也有了一套新的长袍。

对页左图　在学城时，山姆穿着一件亚麻长袍。

对页上右图　山姆有能够发现独特解决方案的特质，他衣带上的结扣暗示了这一点。

对页下右图　山姆的长袍用一个扣衣针扣住了，这是一种用于固定衣物的针，一般在靠近肩膀处。

上左图和上右图　当回到临冬城时，山姆又穿上了那件厚重的守夜人服饰。

中右图　艾莉亚、山姆和席恩站在一起，服饰都较为严肃，此时正值临冬城之战爆发的前夕。

下图　在列席布兰国王的御前会议后，山姆穿上了一件全套的学士长袍。

野 人

野人有几个不同的派系，他们都按照自己的方式生活，向大地——也向敌人索取自己所需要的东西。我觉得通过服装来区别不同部落是很重要的。在某些情况下，野人会用骨头来装饰。当然，那些住在海岸附近的人会穿牡蛎或贻贝壳制成的盔甲。我喜欢创作这些服装。我们打电话给贝尔法斯特的一些著名的海鲜餐馆，问他们是否可以为我们收集贝壳。每天，我们会把它们收集起来，清洗干净，然后把它们串在一起，做成胸甲或项链。

在最初构思野人服饰时，我打算采用简单朴素的式样——他们会穿中款毛皮衬里大衣配上长裤，紧扣的腰带和同样塞满兽毛的靴子。这些野人几乎只靠步行穿越苔原，因此保暖和方便行动对他们来说是很重要的。我们每个人用不同种类的动物皮毛各为每位野人手工做了一件服装，把我们每个人的设计层层缝合，就创造出了实用且保暖的外套。每件外套都很厚实，平均重量超过八磅（约3.6千克）。为了让每位野人的衣服都各有特色，看起来是纯手工的，我们

还用上了蜡的麻线把兽皮兽毛扎在一起。毕竟野人的服装不可能是大批量生产的。

在进行调研时，我还注意到法国西南部的拉斯克洞穴壁画，那是一些原始的动物形象。受此启发，我觉得野人猎手会把他们杀死的猎物画在自己的衣服上，以证明自己的英勇无畏。一个野人越勇猛，他服装上的装饰就越多。因此，我们在每件衣服上都添加了一些手绘，每件衣服各不相同。虽然这些细节在屏幕里可能看不太出来，但对我来说，思考不同文化的不同方面，并借此为他们的服装增添适合的细节是很重要的。

在野人的鞋子方面，我们的方案是用层层布条包住现代登山靴，并在靴口处绑上毛皮条。登山靴十分实用，也能在极寒条件下保护演员的脚。从概念的角度来看，我也很喜欢这种处理方式，野人会把他们的脚绑起来，从前俄国的士兵也会这样做。他们不穿袜子，只用方形布块把自己的脚包起来，这款传统的裹脚布名为"波特扬基"，至今存在，起源可以追溯至17世纪。

左图　米歇尔·克莱普顿为野人勇士设计的服装草绘图。
右图　野人耶哥蕊特（萝丝·莱斯利饰），又名火吻。她穿的服饰是由不同的动物毛皮堆叠缝合在一起的，琼恩后来也穿上了类似的服装。
对页左图　每件野人服饰都是手工制作的，不同的动物皮一层层堆叠缝合而成。因此穿上它会感觉非常的厚实。
对页右图　野人服饰后视图。

野人

每个野人通常只有一件衣服，他们不管干什么——睡觉或者战斗，都穿着这件衣服。野人巨人克星托蒙德（克里斯托弗·海维尤饰）就是很好的例子。自琼恩·雪诺来到长城以北后他就成了雪诺一个重要的盟友，也是抗击夜王的关键角色。但他从来没换过衣服，他的衣服就好像长在他身上一样，几乎成了他身体的一部分。他们的衣服闻起来该有多臭啊——我很喜欢思考这个问题，可能这也是长城以南的人们不喜欢野人的原因之一。

野人中形象最为骇人的恐怕就是叮当衫（爱德华·多利亚尼，罗斯·欧亨尼西饰）了。他也被称为骸骨之王。为了显示他的身份，我为他设计了一个头部装饰——实际上就是一个被削去了下巴的头骨。他还有一个骨头制成的胸甲，原材料是我们在网上拍卖买来的。我们给骨头注模，用橡胶和塑料又做了仿真骨头，再经过老化处理让其看起来好像经历了多年的风霜。

左图　米歇尔·克莱普顿为托蒙德·捷安特斯邦设计的服装概念草图。
右图　托蒙德穿着一件长款的野人服装，腰带紧扣，看起来破破烂烂，这是有意为之的，让人觉得他们从来不会脱下自己的衣服。
对页图　骸骨之王（爱德华·多利亚尼饰）戴着一个人头骨面具。

有一支被称为瑟恩的部族，他们比普通野人部落更为残暴——他们会吃人，进行活人献祭。他们掌握的技术也更为先进，他们会用金属铸造武器。我为他们设计的盔甲实际上是一些大块的青铜盘一片片固定在一起，穿在兽皮大衣外。有时候，恰恰是那些最为极端的人物才能为创作者提供最绝佳的设计机会。

左图　瑟恩人穿的盔甲是一块块绑在一起的青铜片。
上右图　瑟恩服装后视图。
下右图　由米歇尔·克莱普顿绘制的瑟恩人服装草图。
对页图　斯迪（尤里·科洛科利尼科夫饰）是瑟恩族的"马格拿"（部落首领）。身穿一件青铜盔甲的他看起来让人不寒而栗。

巨人

《**权**力的游戏》所有角色里，生活在长城以北的巨人是最有特色的。他们不是人类，站起来足有20英尺（约6.096米）高，无比强壮。在维斯特洛没有多少人见过他们，以至于他们的存在被认为是传说。在为巨人设计服装时，我想让他们看起来和人类有明显区别。我把他们想象成活着的木乃伊。在我的想象中，当巨人婴儿出生时，母亲会把他们用布紧紧包住。而随着巨人一天天长大，又继续用新的布包住——不过不会换下旧布，因为旧布已经烂掉了。于是一天天长大的巨人浑身包裹着一层一层的布，在这期间可能会有一些碎骨头、杂草也一并被包了起来。还可能会有一些打猎的战利品也被包进去，如鹿角。因此我决定在设计服装的时候运用这些元素。

为巨人设计服装的过程与为其他角色制作服装或盔甲十分不同，这更像创造一种生物，而不是给人设计服装。首先，假体制作部门要用白色泡沫制作一套覆盖演员四肢躯干的巨大服装。然后我们再用数层几英寸厚的织物包裹所有的泡沫体，并对最下面的织物进行染色，看起来显得更脏更旧。然后演员再穿上又一层泡沫甲，我们再缠绕布料，加上一些骨头、树枝和碎兽皮增加质感。一旦所有的泡沫片都被盖上，演员基本上就算"穿上衣服"了。当然我们会为每个巨人增加一些独有的特征帮助区分他们。最终演员穿上定妆造型和一些改变他们面部特征的面部假体，呈现出来的效果十分惊人，可以说我们谁都没有想到会那么棒。

对页左图　强壮的玛格是曼斯·雷德手下的一个巨人士兵。他服装的一个突出特点就是厚重的，层层的破布。

对页上右图　玛格的身上缠着绳索，饰有象牙，正准备与守夜人战斗。

对页下右图　每个巨人都有自己的特征让人能分辨，这一套服装的特点是脖子周围一圈兽毛。

左图　米歇尔·克莱普顿的草绘图，可以看出巨人的上半身缠绕着一层层布。

右图　巨人服装，能够看出巨人把象骨绑在身上充当简易盔甲。

森林之子

森林之子生活在长城以北的森林中，是一种神秘的生物，他们和巨人一样不属于人类的范畴。因此我不希望他们穿着一些寻常的人类服饰。我觉得他们应该和环境密切相连，因此我为他们设计的服装能让他们隐匿于林海之中。

叶子（奥克塔维亚·亚历山德鲁，加绘·亚历山大饰）是森林之子中最主要的角色。我为她设计了一件紧身连体衣，彩绘成白桦树树干的模样。腿部还加上了苔藓、地衣和真菌，不过都是刺绣。服装还用了一些叶子、树枝和羽毛来装饰，不过树枝其实是橡胶注模的，因为真正的树枝非常尖锐，装饰品必须有弹性，才不会把演员的衣服撕破。另外，演员的头饰也包含了树叶元素。

整套造型凝聚着我们的心血，富有质感，效果真实。叶子要是躺在森林草地上，你根本就找不到她。这正是我想要达到的效果。

左图　米歇尔·克莱普顿绘制的概念图。森林是森林之子的家，在这里几乎没人能看见他们。
右图　叶子的服饰有很多装饰，当然不全是真材实料，譬如苔藓、地衣和真菌其实都是用刺绣模仿的。
对页上左图　全身的刺绣和装饰，例如羽毛、树枝还有细枝让森林之子的服装看起来与众不同。
对页上右图　配套的鞋子是一双十分柔软的小皮鞋，表面也有相应的刺绣。在森林地面上几乎看不出来。
对页下左图　连体衣的腿部，可以看到有许多或是绣上去或是贴上去的树叶和树皮。
对页下右图　造型肩部细节图。

夜王

夜王（弗拉基米尔·弗迪克，理查德·布雷克饰）是一个身世古老的角色，就像创造他的森林之子一样古老，他想让世界陷入无尽的黑夜。但夜王的服装设计对我来说是个难题，我很难想象出他是如何找到或锻造一幅盔甲的。因此，与大卫和丹讨论之后，我提出这样的设想——他或许在旅程中发现了一些古代文明的废墟，在这些废墟中找到了破碎的盔甲。我希望夜王的服装看起来似乎是来自于他身边的旧建筑或文物，以创造出一些非传统意义上的盔甲。他的盔甲看起来甚至好像都烂了，毕竟夜王已经活了几千年，而他身上的盔甲碎片可能更久远。

盔甲是最难制作的服装之一。夜王的盔甲由皮革条和黄铜板制成，但即使我们打磨了金属板边缘，盔甲也实在太过锋利了。因此演员只在特写时穿金属盔甲。为了演员的舒适度，我们做了一份皮革复制品，用黑、灰青色的颜料刷在皮革上，让复制品看起来更像年代久远的金属。这件皮革盔甲一般在远景或骑马时使用。两款盔甲在胸口处都有一个水滴状扣环，尖头向下。我还为夜王设计了一件配长裤的裙子。为了掩盖夜王扮演者所佩戴的假体，还额外添加了衣领。他的服装风格相对来说有点像帝王或是贵族，毕竟他也是一个王，不过这更直接地表明了他是一个邪恶的生物，他本质上是死亡的化身。

左图　米歇尔·克莱普顿设计的夜王服装概念图。
右图　这件盔甲看起来好像是用古老建筑的碎片制成的。
对页上左图　肩部盔甲和胸甲细节图。
对页上右图　上部分的盔甲肩膀处延长了，下摆也盖过了膝盖。
对页下左图　这件盔甲采用了一个水滴形的搭扣，下半部分是箭头状。
对页下右图　夜王演员面部会有一些特效化妆和假体，为了掩盖痕迹，我们设计了这个衣领。

夜王

左图　夜王率领一支亡者大军，他装束整齐，随时准备作战。
右图　盔甲上的黄铜细节图。
对页左图　夜王盔甲后视图。
对页右图　下摆正面，可以看到有一个方形的垂坠物。

左图和对页图　夜王的盔甲都是一些重复的几何图案和直线，让盔甲看起来有点像骨骼。

上右图　后视图。

下右图　后背上部分脊柱处有个保护装饰，看起来更像骨骼了。

夜王身边有几个异鬼副官，他们的外观都比较相似。但身上的盔甲金属更少，皮革更多。稍显简单的外观也表明他们的地位更低一些。总体而言他们的服装设计理念都是相似的，都是来自某个已经被时间遗忘的古代文明。

上左图　异鬼副官的服饰和夜王的盔甲有点相似，但会简单些。

下左图　和夜王一样，他们的肩膀处也加宽了，有个金属护肩。

右图　铠甲的躯干处包括三块箭头状的金属块，由皮革连接在一起。

对页图　副官铠甲领口处的搭扣和夜王不同，但衣领是类似的。

夜王的副官

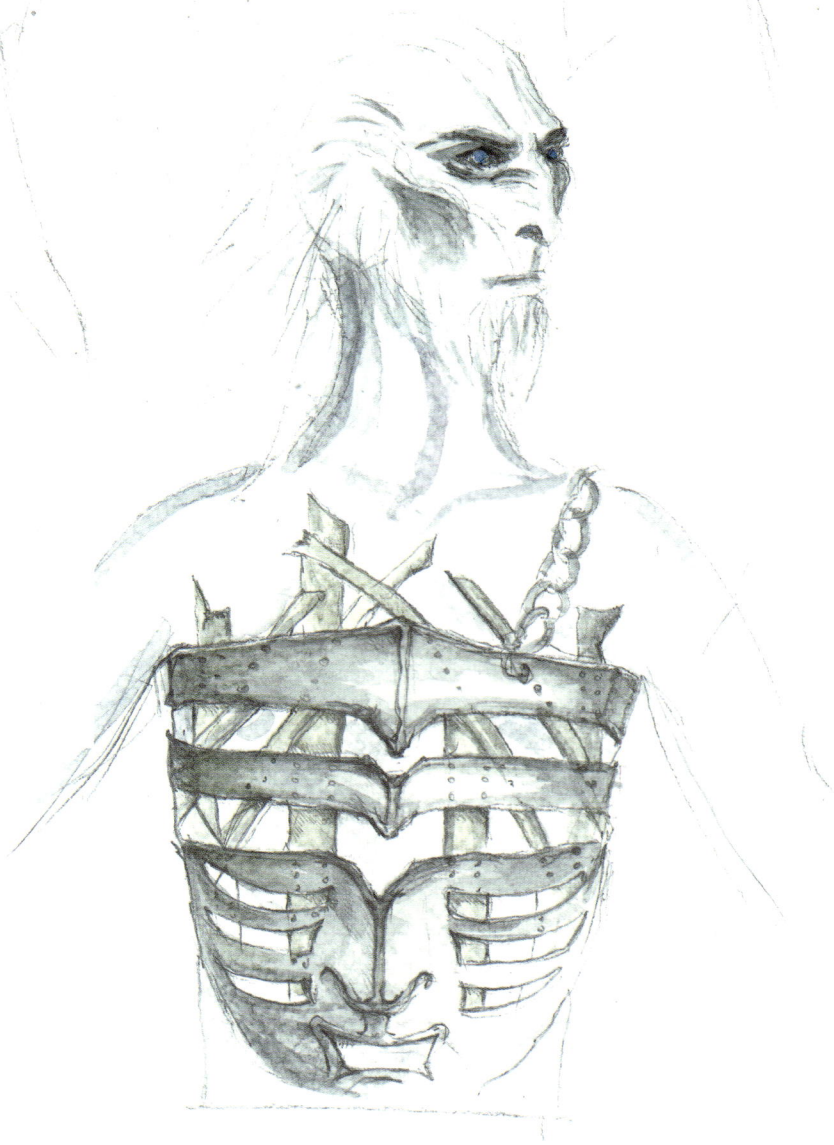

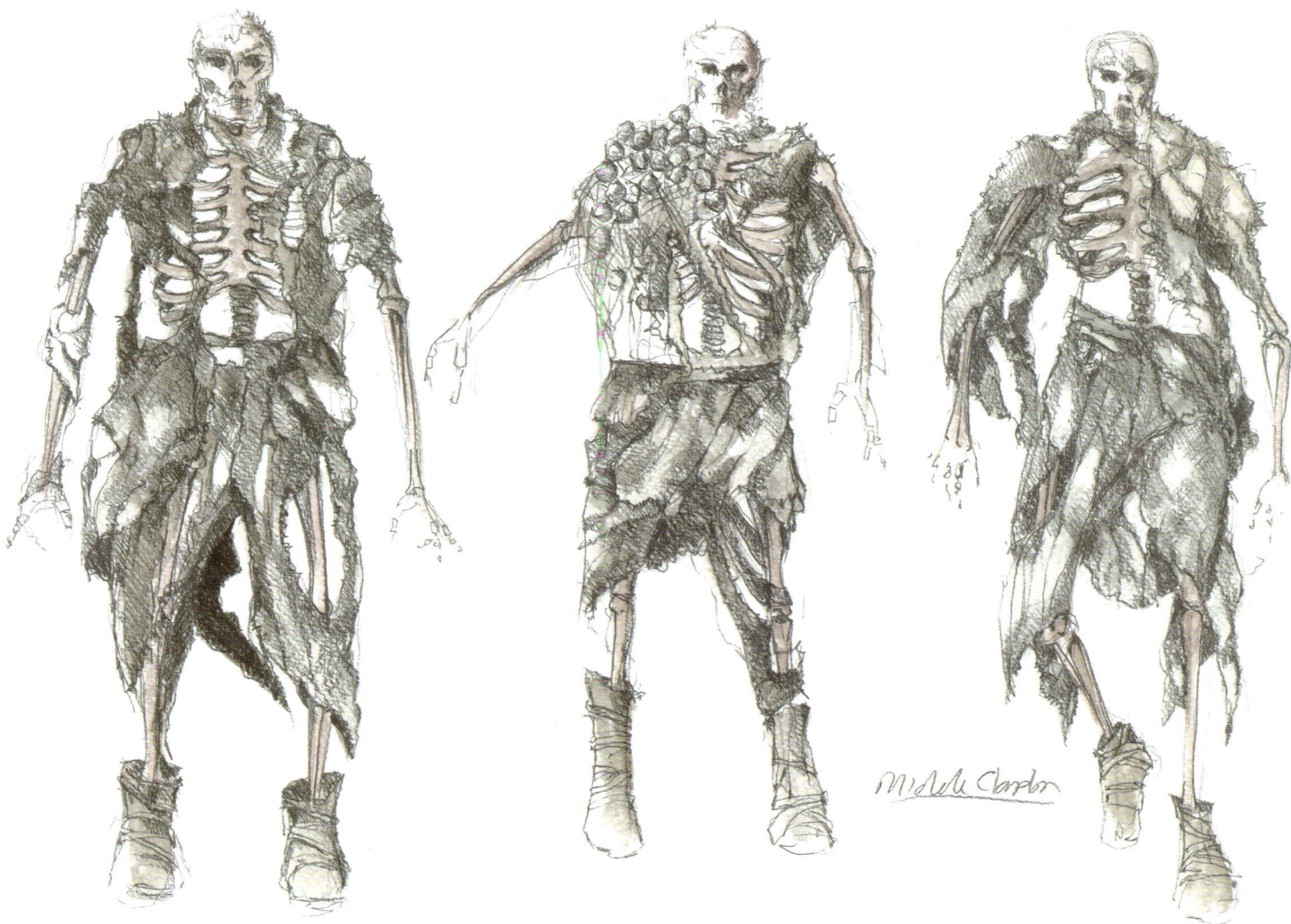

对页图　米歇尔·克莱普顿为异鬼副官绘制的概念图。
上图　米歇尔绘制的概念图，图中为夜王率领的尸鬼，
也被称为亡者大军。

贝里·唐德利恩

在《权力的游戏》第一季，艾德·史塔克派贝里·唐德利恩前去抓捕魔山。但维斯特洛陷入战火后，他成了无旗兄弟会的首领。这个组织最后也参与了对抗夜王的战争。贝里曾数次被杀，每次被杀后又复活。不断重复，只为了完成他注定的使命——救下艾莉亚·史塔克。

我希望他的服装看起来有点拼接感，就好像是每次重生后加了点布料上去一样。我为他设计了一件长款棕色皮革紧身上衣，上面装饰着金属圆环，虽然能看出掉了很多——这都是故意的。他还披着斗篷，戴着手套，右眼戴着眼罩。虽然他偶尔也会穿护肩甲和颈甲，但我认为贝里实际上不需要全副武装，毕竟他不会被真正杀死，因此也就不用太多的保护措施了。

左图　贝里的服装好像不是一套完整的着装，有点东拼西凑的感觉，包括一件长斗篷，手套和眼罩。
右图　贝里的长款棕色皮紧身上衣有很多金属圆环装饰，许多都已经掉落或损坏了，表明贝里穿这件衣服穿了很久。
对页上左图　紧身上衣的金属环细节图。
对页上右图　由于贝里能够死而复生，在剧集的大部分时间他穿的盔甲都不多。
对页下左图　后视图，可以看出斗篷饱经风霜，磨损痕迹很重。
对页下右图　下摆一直延伸到膝盖处，也有很多的金属环装饰。

贝里·唐德利恩

贝里和琼恩·雪诺一起在长城以北执行任务时，一起同行的还有乔拉·莫尔蒙和桑铎·克里冈，这位骑士人称"猎狗"，出了名的脾气不好。这群人能聚到一起真是不可思议。在这趟旅行中我为整个小队都设计了能在抵御严寒的同时又能联想到他们个人特色的服装。对贝里而言，除了他的经典着装外，他还穿着一件高领兽皮大衣。在临冬城之战中，他终于穿上了一件北境风格的盔甲，由深色皮革和金属板制成。对于一个即将英勇就义的英雄来说，这是再合适不过的装束了。

左图　在长城外穿越冰原时，贝里穿着一件厚重的大衣，腰带紧扣。这是为了在极寒环境中保护他。
上右图　在临冬城，贝里穿着全套盔甲，这也是他的最后一幕。
下右图　贝里在"长城以北"大衣的后视图。
对页图　这件衣服的毛领很高，抗寒能力很强。靴子里也填满了绒毛和织物。

猎狗

桑铎·克里冈（罗里·麦肯饰）是一位令人生畏的骑士，他又被人称为"猎狗"，他的名声仅次于自己哥哥格雷果（"魔山"）。二人小时候，魔山曾把猎狗的脸按在烧红的煤块上，让猎狗脸上留下了永久的伤疤，心理上也对火十分恐惧。猎狗永远不会原谅他的哥哥，他一直在等待时机决心要杀死魔山。不过和哥哥不同，猎狗内心有自己的道德底线。

猎狗一开始是乔佛里王子的贴身护卫。在第一季劳勃国王来到临冬城时就有出场。我为他设计了一套盔甲，由铆钉皮革、锁子甲和一块块金属板焊接而成。但他服装中最重要的部分是一顶看起来像猎犬头的头盔。它的内部必须有一个机械装置，可以保持嘴巴张开以显示罗里的脸，而且它还需要能够闭合。我为这件作品画了一系列草图，绘制时参考了意大利文艺复兴时期盔甲——对那个时期的骑士来说，戴做成动物头部形状的头盔并不少见。随后，我们用黏土做了一个模型来帮助确定头盔的实际尺寸，之后再做铸模，以选定最终的作品造型。

上图　猎狗的盔甲包括铆钉皮革、锁子甲和金属板。
对页图　他的头盔受文艺复兴时期盔甲的影响。

猎狗

作为乔佛里的贴身护卫，猎狗也穿着御林铁卫的制服，但大多数情况下他更喜欢穿自己的盔甲。从这一点不难看出，猎狗一直以来就是一个有主见的人。而在黑水河之战中，燃烧着的船只和士兵让他回想起了对火的恐惧，因此尽管当时仍听命于兰尼斯特家族，他还是逃跑了。随后被无旗兄弟会所俘，也因此遇见了艾莉亚。他原本打算拿艾莉亚换点赎金但没成功。随着二人一路相伴四处流浪，他们对彼此的情感逐渐

变得复杂起来。猎狗一直穿着那件破旧的盔甲，就是为了表明他有自己的执着，并且言行一致。

在与布蕾妮的战斗中，猎狗败下阵来，被艾莉亚遗弃，静待死亡。不过他成功挺了过来。后来他再次与兄弟会相遇，一起向北执行一个危险的任务。当他越过长城的时候，我为他添加了个新的行头——一件宽大的牛皮斗篷，披在盔甲上可以抵御寒冷。罗里身高约六英尺半，所以他饰演的角色需要大型动物的毛皮来保暖。

对页左图和对页右图　猎狗所穿的盔甲在肩膀和手臂处都有金属板防护。

左图　当穿越长城时，猎狗穿上了一件厚重的大衣，腰带紧扣。

右图　防水长款大衣以及手套使猎狗能够抵御极端的寒冷。

猎狗

在最终季临冬城之战时，我为猎狗设计了一件新的盔甲——他的旧盔甲是在太破太旧了，不能提供足够的保护，必须要换一件新铠甲。新的盔甲大体外观和旧盔甲一致，唯一区别是加了棉芯，这样能够更好地适应北境气候。我还为他配上了一件高毛领棉斗篷。在陷落的红堡遇见他哥时，他也穿着这件盔甲。

在激烈的打斗后，猎狗抱住魔山，两人一起摔下高墙坠入火焰。猎狗的人生因一场单方面的暴行而改变，对于他来说，这个结局就如同史诗般壮烈。

上图 在第八季，猎狗的盔甲里加了棉芯。
下图 猎狗和艾莉亚在一起，两人为临冬城之战做好了准备。
对页图 猎狗身穿盔甲奔赴他的命运，铠甲由皮革制成，袖子处为锁子甲。

致 谢

我衷心感谢每一位为《权力的游戏》做出贡献的人：首先感谢HBO公司制作本剧集，感谢大卫·贝尼奥夫和丹·维斯对我的信任，感谢弗兰克·德雷格尔（Frank Doelger）的支持以及他充满想象力的提案，感谢伯尼·考尔菲德（Bernie Caulfield）的奉献和支持，感谢海伦·斯隆（Helen Sloan）拍出那么多令人惊叹的照片。

我还想感谢每一位和我一起设计，制造出这些服装的同事，包括：助理服装设计师亚历克斯·弗德海姆（Alex Fordham），克洛伊·奥布里（Chloe Aubry），艾玛·奥劳林（Emma O' Loughlin）和妮娜·艾尔斯（Nina Ayres）；服装管理凯特·法雷尔（Kate O'Farrell）和瑞秋·韦伯－克劳兹尔（Rachael Webb-Crozie）；部门主管吉安帕里奥·格拉斯（Giampaolo Grassi），西蒙·布林顿（Simon Brindle）和奥古斯特·格拉斯（Augusto Grassi）；演员管理卡罗琳·马尔斯通（Carolyn Marston）和艾什林·伦诺克斯（Ashleigh Lennox）；工作室管理兼主剪裁师卡尔·奥尼尔（Carole O'Neal）；主剪裁师克劳福德·麦肯兹（Crawford McKenzie），玛格丽特·佩斯科特（Margaret Pescott）和尼基·瓦尔尼（Nicki Varney）；服装做旧组的艾达·肯尼（Enda Kenny），达伦尔·诺里斯（Darren Norris）和凯瑟琳·卡希尔（Katherine Cahill）；刺绣师米歇尔·卡拉吉尔（Michele Carragher），服装材质管理师简内特·普利斯格思（Janet Spriggs），林内尔·斯坦福斯（Linea Stenfors）和奥利弗·多尔蒂（Oliver Doherty）；珠宝造型师斯坦斯（Steensons），尤努斯（Yunus），艾莉莎（Eliza）以及格洛丽亚·卡洛斯（Gloria Carlos）。

最后，特别感谢凯瑟琳·唐纳德森（Katherine Donaldson），芭芭拉·惠灵顿（Barbara Harrington），唐纳·休斯（Donna Hughes），埃德尔·麦卡隆（Edel McCarron），卡洛琳·希尔（Caroline Hill），瑞贝卡·特拉济特（Rebecca Tredget），以及其他所有优秀的服装组成员们，感谢你们多年来的努力与付出，正是你们才让这些奇妙的幻想得以成真。

我们是一支无与伦比的团队！

——米歇尔·克莱普顿